マルチフィジックス有限要素解析シリーズ8

廃棄物処理・処分・リサイクルに役立つ数値シミュレーション

著者：石森 洋行・磯部 友護・石垣 智基
遠藤 和人・山田 正人

刊行にあたって

私共は 2001 年の創業以来 20 年間，我が国の科学技術と教育の発展に役立つ多重物理連成解析の普及および推進に努めてまいりました。

このたび，次の節目である創業 25 周年に向けた活動といたしまして，新たに「マルチフィジックス有限要素解析シリーズ」を立ち上げました。私共と志を同じくする教育機関や企業でご活躍の諸先生方にご協力をお願いし，最先端の科学技術や教育に関するトピックをできるだけ分かりやすく解説していただくとともに，多様な分野においてマルチフィジックス解析ソフトウェア COMSOL Multiphysics がどのように利用されているかをご紹介いただくことにいたしました。

本シリーズが読者諸氏の抱える諸課題を解決するきっかけやヒントを見出す一助となりますことを，心から願っております。

計測エンジニアリングシステム株式会社
代表取締役
岡田　求

推薦のことば

廃棄物の処理や有効利用に関する話題は、専門家だけでなく、広く一般市民にも関心の高いテーマです。不法投棄や不適正処理によって土や地下水が汚されてしまえば、取り返しのつかない被害に多額の費用と長い年月をかけて修復を行っていかなければなりません。周辺住民の方々には多大な影響が及びますし、修復工事に我々の税金を使わざるをえないこともあります。一方で、あらかじめ過剰に安全な対策をとっておくことも、昨今の社会情勢を考えれば民間・行政ともに体力的に得策ではないでしょう。したがって、現状を正しく把握するとともに、未来を予測するためのツール、すなわち数値シミュレーションが必要となってきます。

本書は、廃棄物処理・処分や有効利用の問題に適用される数値シミュレーションを解説しており、難解な理論をできる限り排し、平易な言葉でその基礎理論と応用方法を紹介しています。特に、実務でどのように役立てるかを重視し、現場での事例を交えながら解説されているのが本書の特徴で、高校生や大学生といった若い読者層から、社会人１年目や部署異動によって仕事内容が変わった方、さらには数値シミュレーションに興味がある方まで幅広い読者層が対象となっています。

本書の執筆陣は、地盤環境や廃棄物に関連する数値シミュレーションの分野において実務経験を持つ公的機関の研究者であり、数多くの現場経験から培った重要な考え方をまとめ、理論と実践を橋渡しししています。従来の多くの書籍が著名な大学の教授陣によって執筆されている中で、本書は実務者の視点から社会的課題を解決するためのアプローチを提供しており、より実践的でありながらも体系的な知識を学ぶことができます。

近年の少子高齢化や産業・社会の多様化により、地盤環境や廃棄物問題などの学問分野の重要性が相対的に減っている危機感に対して、本書では知識と技術を次世代へ確実に伝えるべく分かりやすい解説が随所に盛り込まれ、著者らの「技術継承」への強い使命感が伝わってきます。近年では数式処理やシミュレーションといったWebアプリケーションが無償やトライアルで利用できる時代となり、これらを活用することで学びや問題解決の手助けにもつながります。本書はそのような現代のツールと実務との関連性にも触れ、読者が学びの過程で実際に役立てる視点を提供しています。

　本書を、さまざまな背景を持たれる読者の道しるべの一冊として、広く推薦いたします。

京都大学教授　勝見　武

まえがき

資源循環は現代社会において極めて重要な課題です。産業活動が活発な日本においては，産業廃棄物の有効利用と最終処分が大きな課題となっています。本書では，産業廃棄物をリサイクル材料として有効利用し，土木工事などの大量の資材を必要とする分野に注目してその可能性を探ります。

日本では，環境庁告示第 46 号試験などを準用し，都道府県ごとにリサイクル材料が満たすべき品質が定められています。しかし，リサイクル材料を実際に利用する場面では，周辺環境に対する環境安全性の評価が求められます。環境安全性は品質だけでなく，リサイクル材料の使用条件によっても左右されます。これは使用条件や近隣環境，地理的条件，気候条件など多岐にわたる要素が影響するためです。これらの複雑な条件を考慮し，リサイクル材料の環境安全性を評価する手段としてコンピュータシミュレーションがあります。この技術は近年，手軽に利用できるようになり，複雑な条件が絡み合う環境分野においても合理的な解を得るための手段として期待されています。

リスクが全くない材料や条件は存在しませんが，私たち人間の知恵によってそのリスクを低減し，コントロールすることは可能です。本書では，リスク管理の考え方を簡単な例題や具体的な事例とともに紹介し，関係する基礎理論についても述べることで理論がどのように実務に役立てられるのかが分かるように工夫しました。また理論を現場に適用したとき、現場条件を鑑みて理論を解くために，最近では，科学技術計算を誰もが利用することができます。そこで本書では無償利用可能なオンラインツールを中心に，使用手順と効果的な使い方についても解説しています。これが実務に数値シミュレーションを導入するためのきっかけになり，または数値シミュレーションの中身を知り，それを自分のスキルとしたいと感じていただければ大変光栄です。

第 1 章では，どの読者層にも読んでいただけるようにシミュレーションについて平易な表現で，易しく解説しています。Web 経由で利用可能な化学反応計算シミュレーションを用いて，水に水酸化ナトリウムを溶かしたときのpHを予測計算するための一連の操作手順を紹介しています。一方で反応ではなく，物質移動をシミュレーションするときの基本的考え方（質量保存則）について，トンネル内を通過する車両の台数に例えて解説しています。ここで得た質量保存則のイメージを基本として，実際の物質移動シミュレーションの考え方と具体的手順について述べています。

第2章と第3章では，埋立廃棄物や地盤などの多孔質媒体に関する基礎理論を説明しています。多孔質媒体には間隙があり，その間隙を縫うように水，空気，または化学物質が移動します。第2章では，この移動をシミュレーションするための理論を紹介し，理論を用いることでどのような現象が解明できるか，具体的な計算例とともに説明しています。

第3章では，化学物質が流れに沿って移動するだけでなく，化学反応を伴う場合を述べています。数値シミュレーションでは，これらの反応を「湧き出し」と「吸い込み」と呼びます。湧き出しとは，化学物質が生成されることを意味し，廃棄物から化学物質が溶け出す現象をモデル化する方法を説明しています。一方で「吸い込み」は，化学物質が消費されることを表し，化学物質が吸着する現象について説明するとともに，それをシミュレーションにどのように取り入れるかの方法を述べています。他にも複数の化学物質が共存する場合には相互作用します。相互作用を表したものを化学反応式と呼びますが，これをシミュレーションに取り入れる際には複雑な数学的処理が必要です。この理解を助けるために，複数の計算事例を用いながら解説しています。

第4章と第5章では，資源の循環に役立つ数値シミュレーションの具体的な事例を紹介しています。特に，リサイクル製品を土木工事に利用する際の環境安全性を評価する方法に焦点を当てています。第4章では，リサイクル製品を陸上で盛土材料として使った例を，第5章では海底で埋戻し材料として使った例を取り上げています。リサイクル製品が水と接触すると，化学物質が溶け出すことがありますが，この影響は地上と海底で異なります。この違いを，具体的な計算結果を用いて説明しています。

第6章では，廃棄物最終処分場の将来予測に数値シミュレーションをどのように使うか，そしてその課題について説明しています。数値シミュレーションは，指定された条件下で計算を行い，結果を導き出すものです。ただし，入力されるデータが現実と一致していないと，予測の精度が落ちることがあります。例えば，廃棄物最終処分場では，日々異なる種類の廃棄物が混在して運び込まれます。このような状況で正確なシミュレーションを行うには，廃棄物の詳細な特性を把握する必要がありますが，これはコストや労力の面で現実的ではないことが多いです。そのため，限られた情報でより信頼性の高い予測を行う方法を考えることが重要です。

第７章では，数値シミュレーションが政策策定などでどのように利用されているかを紹介しています。2011 年３月の東京電力福島第一原発事故後に生じた廃棄物には放射性セシウムが混入されており，その最終処分は前例のないものでした。受け入れ経験のない廃棄物を受け入れて最終処分場に埋め立てることは，最終処分場を管理する者にとっては不安なことです。数値シミュレーションは，このような特殊な廃棄物を最終処分した場合の将来のシナリオを理解するために大いに役立ちます。最終処分場の維持管理にどのような影響があるかを事前に把握し，状況に応じた適切な対策を講じ，政策決定の支援をしてきた事例を紹介しています。

本書は，高校生や大学生，これから社会人として実務に携わられる若い方々，異動等で新しい業務に関わる方々にも理解しやすい内容となるよう努めています。この書籍が皆さまの学びや実務の一助となり，近年の動向である持続可能な社会の実現に貢献すること，また時代の変化に応じて廃棄物の適正処理がその時々の社会に適合していけるよう願っています。

2024 年 11 月
著者一同

目次

第6章　現場管理者との連携による正確な将来予測

第7章　放射能汚染廃棄物の埋立処分方法を考える

第1章

数値シミュレーションのやさしい解説

数値シミュレーションは，一聞すると難しそうに感じるかもしれません。実際この技術は専門的なプログラマによって開発されていますが，最近の情報技術と使いやすいインターフェースの進歩により，プログラミング経験がなくても誰でも簡単に使えるようになりました。無料で利用できるシミュレーションツールもあり，仕事だけでなく趣味としても楽しむこともできます。積極的に活用すれば，自主的なシミュレーションで学びを深め，経験を積むことで新しいアイデアを得る機会となります。

本章では，数値シミュレーションがどのようにして身近な存在になったのかを紹介し，数値シミュレーションの原理をイメージできるよう平易な言葉で概説します。

1.1　身近になりつつある数値シミュレーション

数値シミュレーションとは，日常のさまざまな自然現象を模擬（シミュレーション）するために，ある物理法則に従ってコンピュータ上で数値として表現するものです。コンピュータシミュレーションとも呼ばれています。

数値シミュレーションはさまざまな分野で利用されています。私たちが日常，テレビやインターネットから配信されている動画のなかでリアリティのあるアニメーションを見かけることがあります。例えば，天気予報での雨雲や台風の動き，ニュースでの災害や事故等の現場説明のために用いられる津波や火災の広がり，地震，車の衝突等があります。これらは自然現象を物理法則に従って再現しアニメーション化することで，リアリティが増し，誰もが直感的に理解できるよう役立てられています。

もちろん用途に応じて数値シミュレーションの方法は異なります。ニュースやアニメ等で視覚的にリアリティのある自然現象を見せたいという場合には物理法則を厳密に解く必要もなく，それよりもアニメーションを手軽に制作できることが重要になるので，計算精度よりも計算速度を重視し簡略化した計算を行います。コンピュータグラフィックス (CG) のソフトウェアにはこうした機能が付与されており，最近では無料で利用可能な Blender [1] が有名です。Blender でも水や火の動きを簡易的にシミュレーションすることができ，YouTube 等でも美麗な動画が多数公開されています。

一方で，正確な計算が重要になるときもあります。先述した天気予報や，橋，道路，建物等の設計等では可能なかぎり確からしい予測を行うことが私たちに安全や安心を与えますので，非常に細かな計算がなされています。しかし厳密な計算を行う場合，計算時間が長くなるため手軽さが失われます。そのためこうした厳密な計算を行うための環境と計算結果を検証できる能力が求められるので，正確なシミュレーションは一部の専門家にしか扱うことができない難しい分野でした。しかし，最近の情報技術の目覚ましい発展によってその壁も低くなり，より多くの方々が数値シミュレーションを実施できるようになりつつあります。計算しようとするプログラムを他機関が所有する計算速度の優れた専用機（スーパーコンピュータ等）に流すことで高速計算させたり，最近ではプログラム自体をアプリケーション化してウェブ上に配置することでスマートフォン上でも誰もが数値シミュレーションできる時代になりつつあります。

例えば，溶液内の化学反応の計算をするための PHREEQ [2,3] というプログラムがウェブ上で無料利用できます。PHREEQ のウェブサイト(https://www.ndsu.edu/webphreeq/) にアクセスすると，図 1.1 のように Step 1 という画面が出てきます。まずは何も考えずにページ中央にある「Continue」を押してみましょう。

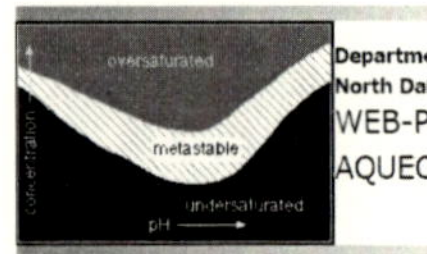

Department of Geosciences
North Dakota State University
WEB-PHREEQ:
AQUEOUS GEOCHEMICAL MODELING

Welcome to WEB-PHREEQ, a WWW implementation of the aqueous geochemical modeling program PHREEQC by David Parkhurst of the U.S.G.S.

Step 1
Choose simple speciation or advanced, single solution or a mix of two solutions, and which of the three available databases you wish to use.

Option:	Description:
◉ Simple speciation ○ Advanced speciation	Choose whether you wish to use simple speciation, which is the default, or whether you prefer to use advanced speciation.
◉ A single solution ○ Mix two solutions	Choose whether you wish to do calculations for a single solution, or whether to mix two solutions using phreeqc's **MIX** keyword.
◉ PHREEQC ○ MINTEQ ○ WATEQ4F	Choose which of the three available databases you wish to use in your calculations: phreeqc, wateq4f, or minteq.

Continue　Start Over

Documentation and Additional Information

What is aqueous geochemical modeling?
How to use WEB-PHREEQ
Frequently Asked Questions about WEB-PHREEQ

B. Saini-Eidukat
North Dakota State University
Geochemistry
Geology 428/628

図 1.1　溶液内の化学反応を計算できるウェブサイト (WEB-PHREEQ) [2]

すると図 1.2 のように Step 2 という画面が出てくるので，ここで計算条件を設定します。以下のように入力してみましょう。

- Environmental Conditions の pH の空欄に「7」を入力
- Concentration Units をプルダウンメニューから「mol/L」を選択
- Major and commonly analyzed elements の Na の空欄に「0.01」を入力
- Minor and trace elements の H(0) の空欄に「0.01」を入力
- Minor and trace elements の O(0) の空欄に「0.01」を入力

ページ下段には Step 3 があるので，Output Options で「Full Output」を選択し，最後に「Continue」を押しましょう。すると図 1.3 になり，これがシミュレーション結果を示しており，ページ中央に pH = 11.952 という数字が計算されています。

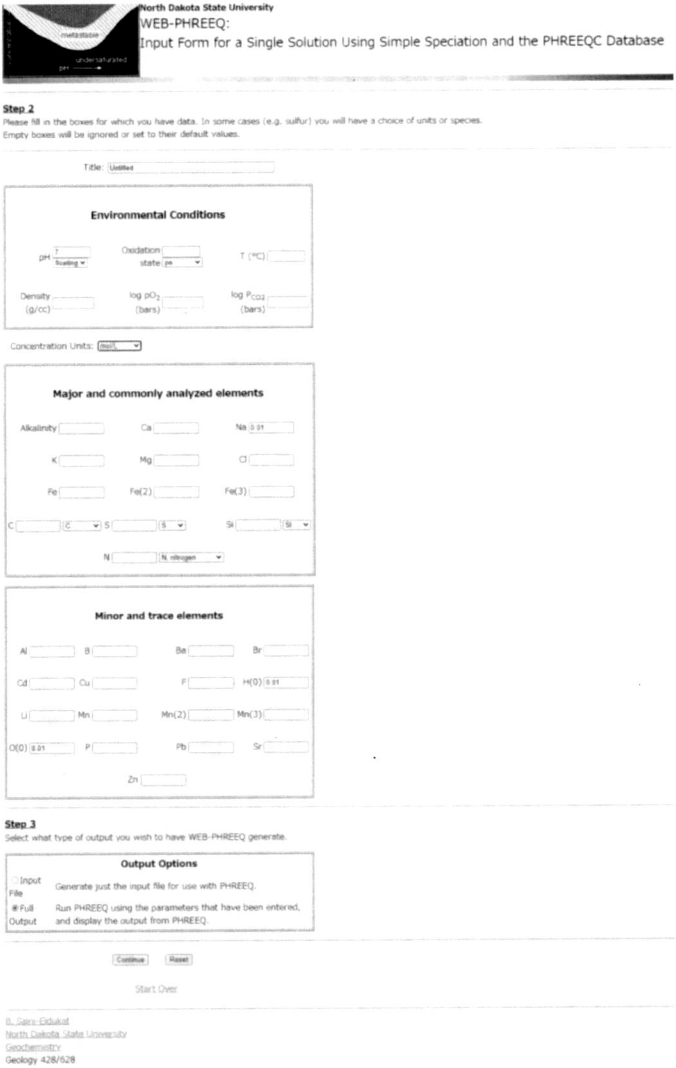

North Dakota State University
WEB-PHREEQ:
Input Form for a Single Solution Using Simple Speciation and the PHREEQC Database

Step 2
Please fill in the boxes for which you have data. In some cases (e.g. sulfur) you will have a choice of units or species.
Empty boxes will be ignored or set to their default values.

Title: Untitled

Environmental Conditions

pH 7 floating　Oxidation state pe　T (°C)

Density (g/cc)　log pO_2 (bars)　log P_{CO2} (bars)

Concentration Units: mol/L

Major and commonly analyzed elements

Alkalinity　Ca　Na 0.01

K　Mg　Cl

Fe　Fe(2)　Fe(3)

C　C　S　S　Si　Si

N　N, nitrogen

Minor and trace elements

Al　B　Ba　Br

Cd　Cu　F　H(0) 0.01

Li　Mn　Mn(2)　Mn(3)

O(0) 0.01　P　Pb　Sr

Zn

Step 3
Select what type of output you wish to have WEB-PHREEQ generate.

Output Options

Input File　Generate just the input file for use with PHREEQ.

Full Output　Run PHREEQ using the parameters that have been entered, and display the output from PHREEQ.

Continue　Reset

Start Over

B. Saini-Eidukat
North Dakota State University
Geochemistry
Geology 428/628

図 1.2　シミュレーションする化学反応の条件をウェブサイトに入力 [2]

```
Database file:  phreeqc.dat

------------------
Reading data base.
------------------

        SOLUTION_MASTER_SPECIES
        SOLUTION_SPECIES
        PHASES
        EXCHANGE_MASTER_SPECIES
        EXCHANGE_SPECIES
        SURFACE_MASTER_SPECIES
        SURFACE_SPECIES
        RATES
        END
------------------------------------
Reading input data for simulation 1.
------------------------------------

        TITLE Untitled
        SOLUTION 1
                pH 7 charge
                temp 25
                pe
                units mol/L
                H(0) 0.01
                O(0) 0.01
                Na 0.01
        END
-----
TITLE
-----

 Untitled

-------------------------------------------
Beginning of initial solution calculations.
-------------------------------------------

Initial solution 1.

-----------------------------Solution composition------------------------------

        Elements           Molality       Moles

        H(0)             1.000e-02   1.000e-02
        Na               1.000e-02   1.000e-02
        O(0)             1.000e-02   1.000e-02

----------------------------Description of solution----------------------------

                                       pH  =  11.952      Charge balance
                                       pe  =   0.000
                        Activity of water  =   0.999
                           Ionic strength  =   9.951e-03
                       Mass of water (kg)  =   1.000e+00
                 Total alkalinity (eq/kg)  =   1.000e-02
                    Total carbon (mol/kg)  =   0.000e+00
                       Total CO2 (mol/kg)  =   0.000e+00
                      Temperature (deg C)  =  25.000
                  Electrical balance (eq)  =  -1.624e-11
 Percent error, 100*(Cat-|An|)/(Cat+|An|)  =  -0.00
                               Iterations  =   6
                                  Total H  = 1.110324e+02
                                  Total O  = 5.552622e+01

---------------------------------Redox couples---------------------------------

        Redox couple             pe  Eh (volts)

        H(0)/H(1)          -12.3771     -0.7322
        O(-2)/O(0)           8.9931      0.5320

----------------------------Distribution of species----------------------------

                                                     Log       Log        Log
        Species            Molality     Activity  Molality  Activity     Gamma

        OH-              9.951e-03   8.960e-03    -2.002    -2.048    -0.046
        H+               1.222e-12   1.117e-12   -11.913   -11.952    -0.039
        H2O              5.551e+01   9.995e-01    -0.000    -0.000     0.000
H(0)             1.000e-02
        H2               5.002e-03   5.013e-03    -2.301    -2.300     0.001
Na               1.000e-02
        Na+              9.951e-03   8.989e-03    -2.002    -2.046    -0.044
        NaOH             5.303e-05   5.315e-05    -4.275    -4.274     0.001
O(0)             1.000e-02
        O2               5.002e-03   5.013e-03    -2.301    -2.300     0.001

------------------------------Saturation indices-------------------------------

        Phase               SI log IAP  log KT

        H2(g)             0.85   -2.30   -3.15  H2
        H2O(g)           -1.51   -0.00    1.51  H2O
        O2(g)             0.66   -2.30   -2.96  O2

------------------
End of simulation.
------------------
```

図 1.3　設定した化学反応に対するシミュレーション結果が表示される [2]

ここまでで行ったのは，pH = 7 の水に水酸化ナトリウム ($NaOH$) が 0.01 mol/L になるように試薬を添加した場合，その後の pH がいくらになるのかというシミュレーションです。水酸化ナトリウムは水の中では電離し $NaOH \leftrightarrow Na^+ + OH^-$ となるので，液体中の OH^- 濃度は 0.01 mol/L となります。また水のイオン積から H^+ 濃度と OH^- 濃度の積は 10^{-14} mol^2/L^2 になるという制約条件がありますので，ここから H^+ 濃度は 10^{-12} mol/L と計算され，pH は 12 程度になるはずだと目安がつきます。実際，上記のウェブページで計算された値と比べるとほぼ同じであり，シミュレーション結果は妥当であったことが分かります。

今回は手計算でも検証できる程度の問題を扱いましたが，こうしたシミュレーション技術は条件がさらに複雑になってもコンピュータが計算し答えを予想してくれます。例えば，水酸化カルシウム ($Ca(OH)_2$) の場合だと答えはいくらか？　初期の液体が pH = 7 の水ではなく pH = 4 の酸性水だった場合はどうだろうか？　液体の温度が上がると pH はどう変化するのか？　といった疑問も瞬時に計算して解消できます。実験を行わなくてもコンピュータ上でシミュレーションできるので，実験上必要な時間や資金，労力をかけることなく答えを予想できるのが数値シミュレーションの大きなメリットのひとつです。こうした技術を読者の皆さまも勉強に役立ててみると，試行錯誤ができるので理解がより進むのではないでしょうか。

他にも，ユーザー登録が必要であったり，有料利用であったりと制約があるものの，Mathematica [4,5] や MATLAB [6,7]，または COMSOL [8] といった汎用数値計算ソフトウェアもウェブ上で利用できるようになっています。体験版として無料で試用することも可能です。コンピュータや情報技術等に係る月刊誌（Software Design，Interface，トランジスタなど）に特典として体験版が付いている場合もありますし，直接販売店に相談してみることで体験版またはセミナー等をご案内いただける場合もあります。また大学に所属されている方であれば，すでに大学側がこれらのソフトウェアを契約して学習のために利用できる環境を整えている場合がありますので，ご自身が所属する大学に相談してみてはいかがでしょうか。

このように，多くの方々が数値シミュレーションを扱えるような時代になり，教育や社会での導入が積極的に進みつつあります。今後，数値シミュレーションを含むさまざまなデジタル技術が盛んになるなかで，文部科学省の次期学習指導要領案 [9] には，日常の事象や社会の事象などを（コンピュータ等の情報機器を用いつつ）数学的に捉える等の文言があり，それを踏まえつつ知識や技能を主体的に磨いていける意識づくりを重要視しているように見受けられます。こうした開かれた数値シミュレーションを利用できる環境を大いに活用していただき学習の一助とするために，本書では，身近な話題として誰もが日常で出している廃棄物について取り上げ，それが社会のなかでどう動いているのか，そこに数値シミュレーションがどう活用されているのかを紹介しています。難しい専門的な理論は他の良書等を参考にしていただき，ここでは数値シミュレーションへの興味を促し，数学などの基礎科学を意欲的に学ぶためのきっかけになれば幸いです。

1.2　質量保存則をイメージしてみよう

本節では，どのような原理で将来予測の計算がなされているのかを，たとえ話を用いて簡単に説明します。目的は，計算原理にイメージをもっていただくことで，この計算を実行する際に求められる必要情報と知識を把握していただければと考えています。なお，本節では計算原理のイメージを分かりやすく伝えるために，トンネルを通過する車でたとえ話をしますが，専門用語の定義上から見てその表現は正しくないときがありますのでご注意ください（例えば，質量保存則の「質量」を「車」に例えているなど）。

さて，図 1.4 のように，トンネルを通過する車の流れについて考えてみましょう。一直線の道路を走る車の流れから，その途中にあるトンネルの内部がどのような状態にあるのか予想してみましょう。私たちは，目に見える情報（または取得済みの情報）から目に見えない情報を予測しなければならない場面に往々にして遭遇します。目に見えない情報とは，この例

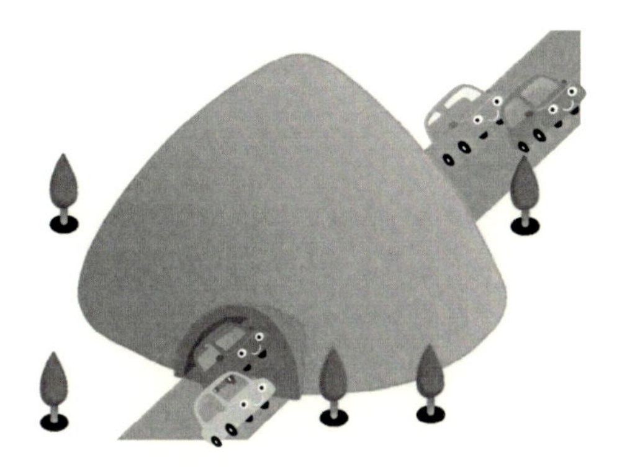

図 1.4　一直線の道路上にある車の流れからトンネル内状況を予想

ではトンネル内部の道路状況を指します。これらの見えない情報を予測するためには，過去の経験に基づく方法もありますが，ここでは理論に基づいて予測する方法を述べます。質量保存則と呼ばれるものです。

図 1.4 から私たちの知り得る情報はトンネル入口とトンネル出口における道路状況のみです。極端な状況を想定してみます。入口では車がトンネルに入っていくにもかかわらず出口から車が出てこない場合，トンネル内部では事故等によって車の流れが止まっていると考えます。このように，トンネル内部の情報は，入口と出口の状況を調べることで推測できます。

具体的に場合分けを行い整理しましょう。例えば，図 1.5 のように，入口から入る車の台数と，出口から出てくる車の台数がともに同じである場

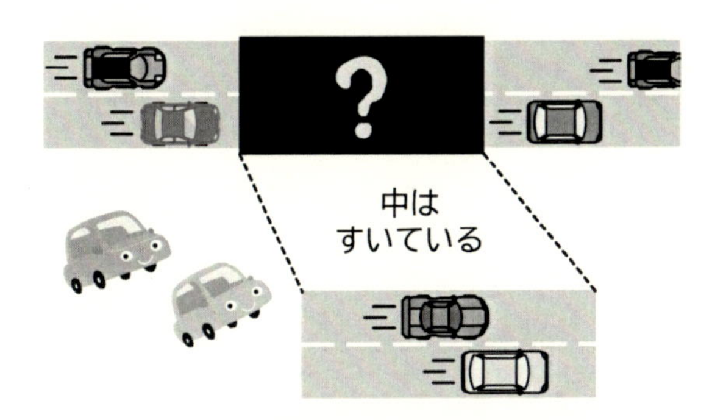

図 1.5　トンネル入口と出口を通過する車の台数が同じ場合

合はどうでしょうか？ 入口，出口ともに車の流れが停滞することなくスムーズに流れているので，トンネル内部でも同じように車の流れはスムーズであると予想できます。

一方で図1.6のように，入口から入る車の台数は多いけれども，出口から出てくる車の台数がそれよりも少ない場合はどうでしょうか？ 車の流れをせき止めるような要因がトンネル内部には発生しており，それ故に出口からの車の台数が少なくなったと予想されます。トンネル内部では車線規制や事故等によって車が渋滞しているのかもしれません。

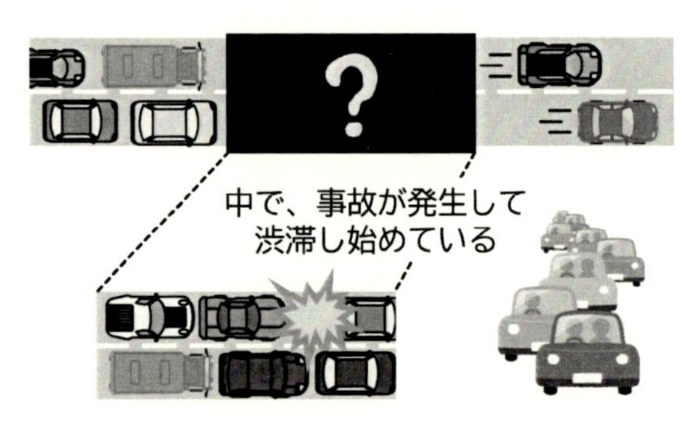

図1.6　出口から出てくる車の台数が入口から入る台数よりも少ない場合

なぜトンネルの中身を想像できたのかを整理します。トンネルに入ってくる車の台数と，トンネルから出ていく台数に着目して，トンネルの内部を想像しました。実際のところ，この大小関係から，入ってくる台数と出ていく台数が同じであればスムーズな流れであり，入ってくる台数に対して出ていく方が少なければ，何か渋滞のような閉塞要因がある，逆に出ていく方が多ければ，渋滞していたような閉塞していた状況が解消されたものと整理することができると思います。

コンピュータシミュレーションでは現象を数字で表す必要があるので，先ほどの想像結果に至った考え方を次のように表現します。

$$\text{物理量の変化} = \text{流入する物理量} - \text{流出する物理量} \tag{1.1}$$

本節は計算原理のイメージ付けが目的なので難しい表記は避けていま

すが，ここでは，物理量とは車の台数と読み替えてもらえれば結構です。式 (1.1) の右辺である，流入する車の台数と流出する車の台数の差分に着目し，これが正の場合で『渋滞しつつある』，ゼロの場合で『停滞のないスムーズな流れ』，負の場合で『渋滞が解消されつつある』と整理できるでしょう。

コンピュータシミュレーションの基本的な考え方は，解明したい対象領域の境界（ここではトンネルの入口と出口）の物理量を集めることで，未知となる対象領域（ここではトンネル内部）の物理量の変化を知るというものです。物理量には，ここでは質量を模した車の台数を採用しましたが，基本的な考え方を理解していればどのような諸量を採用しても構いません。工学的には主に，質量，運動量，またはエネルギーを採用しており，それぞれ質量保存則，運動量保存則（ニュートンの第二法則，または運動方程式とも呼ぶ），エネルギー保存則と呼んでいます。

このうち，質量保存則はいかなるコンピュータシミュレーションでも必ず立式しなければならない条件です。運動量保存則やエネルギー保存則は予測の目的に応じて，例えば外力を扱うような場合に，オプションとして使用していきます。本書では運動量保存則やエネルギー保存則は扱わずに，質量保存則に基づいたコンピュータシミュレーションを事例とともに紹介します。なお，質量保存則はいかなる場合でも必須な条件と述べましたが，外力を扱う問題（例えば，高校物理で言う力の釣合い問題やふたつの物体の衝突問題等）では質量保存則を論じていないと思います。これは対象とする事象のなかで質量は不変であることが自明であるためです。

1.3　シミュレーションの考え方の由来

ここまでの話をまとめると，予測の考え方は，未知となる対象領域の表面情報を集めて，そこから内部を推定するということになります。これには境界条件が必要になります。また式 (1.1) から内部における物理量の時間変化が分かりますので，内部に求解対象となる物理量の初期値を与えることで微小時間後の物理量を求めることができ，この手続きを逐次計算することで将来予測ができることになります。したがって初期条件も必要になります。

図 1.7 には，コンクリートの品質を推定する例を示しています。コンクリートは土木構造物に不可欠な材料ですが，その性能を発揮するには正確に施工がなされたのかという確認や，その性能は長い時間とともに少なからず低下するので品質の確認と維持管理が必要になります。通常コンクリートの内部は目視できませんが，どうやって内部状態を調べているのでしょうか？　ここで用いられる考え方が，前節に示した外側の情報を集めることで内部を推定できるというものです。

図 1.7　内部情報を推定には表面に与えるアクションが重要

私たちはコンクリートの中身がどうなっているのか，すなわち密実であり健全な状態にあるのか，空洞があり十分な施工ができなかったのか，または経年によってひび割れが生じているのか等を知りたいと考えます。そのときに登場するのが，コンクリートの表面に何らかのアクションを与えて，そのときに生じるレスポンスを集めることで内部が健全なのか否かを判断する方法です。

表面情報と内部が関係づいているのは式 (1.1) でも示していますが，微分積分の点から一般化して証明されています。グリーンの定理，またはガウスの発散定理と呼ばれており，私たちはここで証明された定理に基づいて表面情報から内部を推定しています。蛇足ですが，この考え方は高校で習う微分のところでも少し触れています。積の微分公式に対して両辺積分を行うと，表面情報と内部は紐づいていることが導かれます。高校生では教わらないと思いますが，数学が具体的に社会でどのように役に立っているのかを大学等で学ぶことができます。

しかし，単に数学を勉強すればよいわけではありません。コンピュータシミュレーションを行うためにはもうひとつ勉強する必要があり，図 1.7 の場合ではコンクリート内での物理現象の伝わり方を学ぶ必要があります。すなわち物理学です。コンクリート表面からアクションを起こしますが，その手段にはいくつか考えられ，ハンマーで叩く他にも，水をかけたり，熱をかけたり，電気を流したり，電磁波を当てたりとさまざま考えられます。水をかけたりするとひび割れに浸透するので，水の吸い込み方から内部を予想できそうですね。ただこの場合コンクリートの中を水がどのように流れるのかという理論を学ぶ必要があります。物理学は振動，水，熱，電流，電磁波等多岐にわたるので，コンクリートに対してどの現象を与えるのが最も効果的であるのかを調べることは容易ではありませんが，各々の現象に詳しい専門家らと協力しながら開発が行われています。

異なった専門性をもつ人同士の会話は非常に難しいものですが，近年は各専門分野にアプリケーションという形で手軽に触れることができます。こうした近年の情報技術を活用することで，別分野への興味を掻き立て，自分の知識を蓄えることができます。これにより別分野の専門家とのコミュニケーションが円滑になり意思疎通が図りやすくなると考えられます。技術上では革新的な開発が進めやすい世の中なのかもしれません。

1.4　廃棄物処理の地域性

本書で取り上げる廃棄物について簡単に説明します。私たちは，日常の生活のなかで必ずごみを出していると思いますが，ごみ箱に入ったその先はどうなるのでしょうか？ 図 1.8 はごみの行く末を示したフローであり，ここでは著者らの所属機関がある茨城県つくば市を例に示しています。

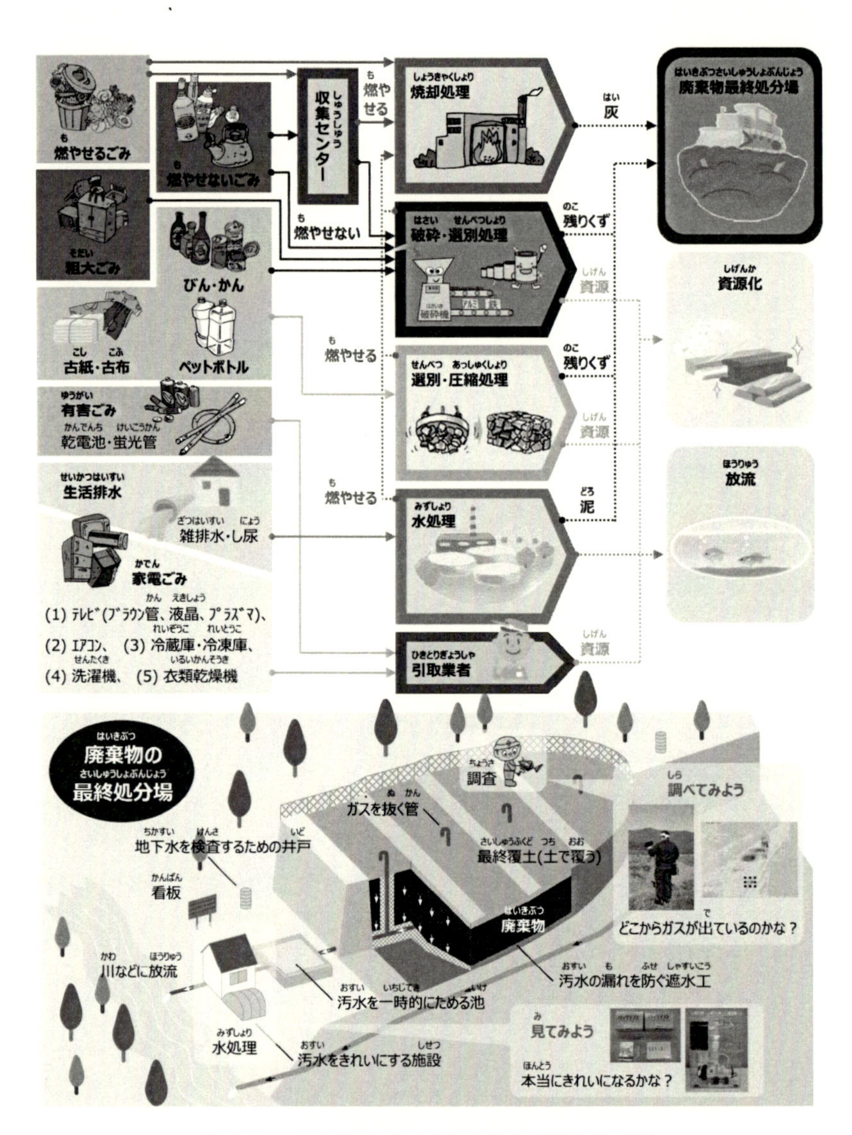

図 1.8　ごみ処理の流れと廃棄物最終処分場 [10]

私たちは，地域によって定められた分別方法に従ってごみを出しています。燃やせるごみ，燃やせないごみ，粗大ごみ，古紙・古布，びん・かん，ペットボトル等です。分別されたごみは，燃やせるものと燃やせないもの，または有効利用できるものと有効利用が難しいものに分類するために，破砕・選別処理や選別・圧縮処理，焼却処理等のプロセスを経て，最終的には資源として再利用し，どうしても再利用できないものは廃棄物最終処分場という施設に運ばれて適切な管理のもとで埋立します。

ごみ処理の特徴は，地域性があるという点です。先述のとおり，ごみの分別方法は地域ごとに異なっており，それはそれぞれの地域ごとで持っている施設が異なるのがひとつの理由として挙げられます。焼却施設などは，ごみを燃やすことで体積を約10分の1に縮小できますので，ごみの発生量が多い，すなわち人口の多い都市圏には必須の施設と言えます。一方で廃棄物最終処分場は非常に広大な敷地面積を必要とするので都市圏には建設しにくいといった特徴があります。

また，発生するごみの種類にも地域性があります。市街地では，人口が多いため生活で発生した食べ物の余りものや，容器・包装に使われるプラスチック，衣類等が多くなり，一方地方では自然豊かである故に草や木，汚泥等が多くなります。ごみにはさまざまな大きさや形，硬さ，水分量等の特徴がありますので，それに合わせて処理方法を考え施設を設計していく必要があります。

したがって，どの施設にコストをかけるのかは地域によって方針が異なりますし，また名前の上では同じ焼却施設や選別施設，廃棄物最終処分場であっても，当該地域の廃棄物に合った仕様（処理能力）が求められます。とある地域で成功しているごみ処理が，必ずしも別の地域でも成功するとは限らないのが廃棄物処理・処分分野の難しいところです。

数値シミュレーションは，図1.1～図1.3で示したように，条件が変わったときに結果がどのように変化するのかを調べるのに有効な技術です。廃棄物処理においても同様のことが期待されます。地域によって異なる条件と将来を考えながら，過不足のない性能をもつ廃棄物処理施設の設計とその根拠説明が必要になるからです。

1.5　廃棄物最終処分場のシミュレーション

資源循環のために日本国民誰もが努力していることでしょう。しかし，完全な資源循環は難しく，どうしても不要なものの発生は避けられません。真に不要となった廃棄物を受入適正に管理するのが最終処分場です。

最終処分場の運用に数値シミュレーションを取り入れることを考えてみましょう。例えば，ある地域で成功している最終処分が他の地域でも効果的かどうかを評価したい場合，その地域固有の廃棄物の種類や量を考慮してシミュレーションを行うことで，事前に結果を予測することが可能です。また，最終処分場は数十年にわたって管理が必要とされます。突然異なる種類の廃棄物が持ち込まれた場合（例えば自然災害によって生じた廃棄物など），管理費用はどのように変わるのでしょうか？　近年の豪雨や地震に備えて，どのような対策が必要かも，数値シミュレーションによって予測できます。

先述のとおり最終処分場では数十年以上にもわたる長期的な管理が必要になるので，実験では到底扱うことのできない規模と時間スケールでの評価が求められます。数値シミュレーションは，解析対象の規模と時間スケールをコンピュータ上に展開し，そこで生じる事象を物理法則に従ってバーチャルに表現するものです。実際には実験しにくい状況であっても，理論的な予測や評価をするためには強力なツールとなります。

例えば，最終処分場の中身を予測したいのであれば，図1.9のように処分場表面のデータを集めてそこから中身を推定していきます。処分場表面の天端では大気と降雨に曝されるので，そこでは大気と同じ条件（すなわち，窒素ガス濃度79 %，酸素ガス濃度21 %，大気圧1013 hPa等），および水について当該地域における降雨量と同じ条件を与えることになります。また浸出水が出てくる集水排水管末端も，通常（満水でないかぎり）大気と接触しているので，そこにも大気と同じ条件を与えることができます。集水排水管については水位を計測していれば水に対する条件として計算に考慮していきます（通常，集水排水管内の水位は数センチ程度と浅いもので，計測できる深さではありません。こうした計測できないほど微小な情報は，検証は必要ですが往々にしてシミュレーション結果に与える影響は少ないので，ゼロから数センチの間で水位を暫定的に与えることで，「浅い水位がある」ことを表現します）。こうした表面情報が，最終処分場内部の予測に必要になります。

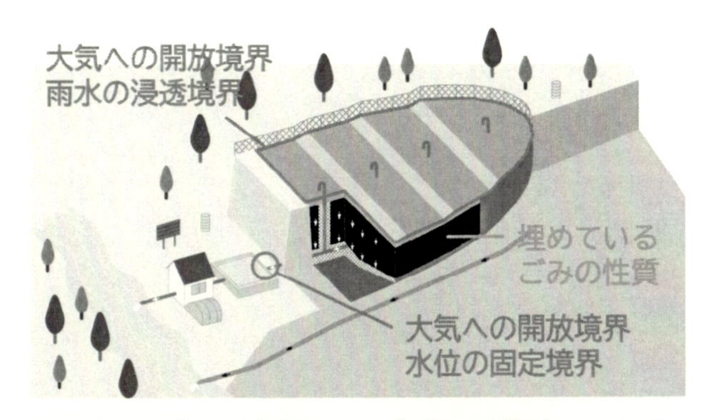

処分場の表面情報から内部を推定します。

図 1.9　廃棄物最終処分場の内部状況も表面情報から予測

シミュレーションの具体的な作業を示します。まずシミュレーションの対象とする場を設定します。例えば，図 1.10 左上は最終処分場を上空から見たときの図面と考えてください。図面等が参照できるのであれば，そこに記載されている測量情報（位置座標）を忠実に拾い上げればリアリティが出て，シミュレーション結果に対する説得力が増すでしょう。図面でなくても，最近は Google Map 等のサービスを利用することで航空写真を得ることができますので，航空写真から最終処分場を構成する頂点をデジタイズすることでもリアリティのある計算対象を作成できます。ただし計算対象を忠実に再現するにはかなりの労力になります。忠実に再現するか大まかに再現するかのさじ加減はシミュレーションの目的に依存しますが，結果に大差が出ないことがありますので，シミュレーションの中身に精通している技術者ほど計算の単純化を図り本質的な結果を捉えていきます。

得られた平面情報からコンピュータ上にバーチャルな最終処分場を造り

上げます。平面情報をそのまま二次元の計算対象として捉え，最終処分場内部の平面方向の物質動態をシミュレーションすることも可能ですが，ここでは三次元解析のための手順の一例を説明します。

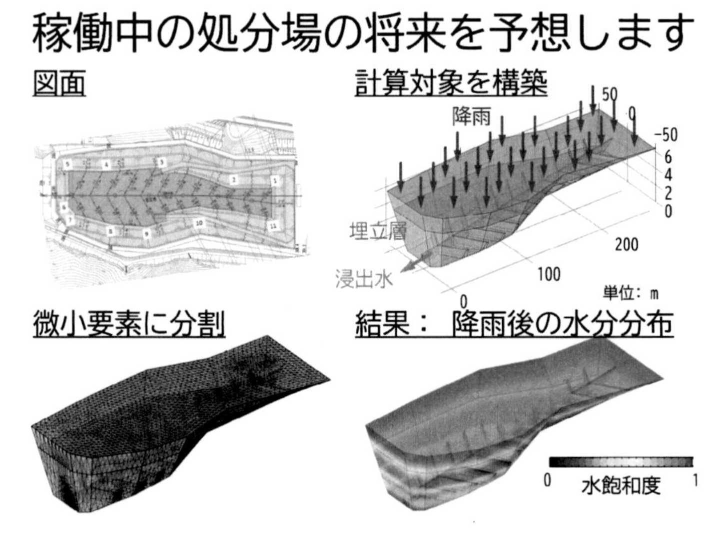

図 1.10　最終処分場内の水の流れをシミュレーションするための手順

大まかには，作成したい三次元モデルを想定しそれを形成している下面と上面をそれぞれポリゴンで定義付け，その後下面から上面に押し出しすることで三次元化します。この一連の作業は CAD や CAE，3D モデリング等のソフトウェアにはほぼ標準的に備わっている機能です。無料ソフトウェアでも，例えば Blender によっても作成できます。これらの機能を用いれば，三次元の解析空間は，その下面と上面を各々ポリゴンで形成するための作業と，ポリゴン化した下面から上面に向けて押し出す作業の 2 つの工程で済みます。

次に，図 1.10 右上の作業に移ります。三次元の最終処分場モデルに対して，内部を予測するための計算条件を与えます。ここで計算条件とは最終処分場モデルの表面に与える情報のことであり，例えば前述した降雨や大気濃度，出口水位の情報等が相当します。

図 1.10 左下では，最終処分場を細かな要素に分割する作業を行います。この小さなひとつひとつの要素が，先に述べたトンネルに当たると思ってください。トンネルの出入り口で車の出入りを見ていたのと同じように，この一つの要素でも物質の出入りを見ることになります。ただ，隣り合う要素では物質の連続性が成り立つので，例えば隣り合うトンネルでは，片方のトンネルから出た車の台数がもう一方のトンネルに入る車の台数になります。そうすると結局，一番外にある処分場の表面での物質の出入りの情報，すなわち降雨や大気，水位情報を用いて，ひとつ一つの要素の状態を推定することになります。

図 1.10 右下は雨が処分場中に入った場合の水分分布が計算された例です。このように数値シミュレーションで最終処分場内の水分量や濃度等の空間分布を計算することができます。その結果を三次元的に可視化したり，その時間変化をアニメーションとして出力したりすることも可能です。

参考文献

[1] Blender Foundation: Blender 4.1
https://www.blender.org（2024 年 10 月 4 日参照）

[2] David Parkhurst: WEB-PHREEQ
https://www.ndsu.edu/webphreeq/（2024 年 10 月 4 日参照）

[3] USGS: PHREEQC Version 3
https://www.usgs.gov/software/phreeqc-version-3（2024 年 10 月 4 日参照）

[4] WOLFRAM: WolframAlpha
https://www.wolframalpha.com/（2024 年 10 月 4 日参照）

[5] WOLFRAM: Mathematica 14.0
https://www.wolfram.com/mathematica/（2024 年 10 月 4 日参照）

[6] The MathWorks: MATLAB Online
https://jp.mathworks.com/products/matlab-online.html（2024 年 10 月 4 日参照）

[7] The MathWokrs: MATLAB R2024a
https://jp.mathworks.com/products/matlab.html（2024 年 10 月 4 日参照）

[8] COMSOL: COMSOL Multiphysics 6.2
https://www.comsol.com/comsol-multiphysics（2024 年 10 月 4 日参照）

[9] 文部科学省: 初等中等教育分科会教育課程企画特別部会論点整理, 新しい学習指導要領等が目指す姿 (2015).

https://www.mext.go.jp/b_menu/shingi/chukyo/chukyo3/siryo/attach/1364306.htm（2024 年 10 月 4 日参照）

[10] 国立環境研究所: ごみ処理の流れと、廃棄物最終処分場, 2010 年度国立環境研究所夏の大公開 (2010).

第2章

多孔質媒体中の流れと物質輸送

土粒子や廃棄物を埋め立てた場合，そこには重なり合った土粒子同士や廃棄物同士の間にできる隙間，すなわち間隙が生まれます。このような材料を多孔質媒体と呼びます。多孔質媒体に水を供給すると，水はその間隙を縫うように流れていきます。また供給する水に化学物質が溶け込んでいると，その化学物質もまた水の流れに乗って輸送されます。

本章では水の流れと化学物質の輸送に計算するための理論を紹介します。なお，2.1.3から2.1.5項，および2.2.4項は数学的な表記が多くなっています。シミュレーションに関心がある，もしくはシミュレーションをすでに使用している方々向けに理解を深めるために記述しています。これらの項は，今すぐに理解を要するものではないので，現時点でシミュレーションの細部にまで関心がない場合にはスキップしていただいても問題ありません。

2.1　流れ

多孔質媒体中の流れ (Flow) は，液体や気体が固体である多孔質媒体の隙間を通って流れる現象です。この流れは石油や天然ガスの採掘，地下水の採取，浄水のろ過など，多岐にわたる分野で重要な役割を果たしています。本書で扱う廃棄物もまた多孔質媒体であり，その有効利用や適正な処分のためには，多孔質媒体中の流れの理論を理解することが重要です。これによって，廃棄物による周辺環境の汚染防止，豪雨時の軟弱化，水没の回避についても理解を深めることができます。

2.1.1　水頭

物を動かすための原動力をポテンシャルと呼びます。物はポテンシャル（エネルギー）が高い方から低い方へと流れます。多孔質媒体では，このポテンシャルのことを全水頭と呼びます。全水頭は水の流れの方向を決めるだけでなく，その大きさ（流速）を理論計算する上でも重要なパラメータです。

多孔質媒体では，全水頭は位置水頭と圧力水頭の和で与えられます。水頭は長さの単位をもち，物を動かすためのポテンシャルを水に置き換えたとき何センチ（またはメートル）分の高さに相当するのか，で換算したものになります。例として，図 2.1 を用いて説明します。水の入った容器を想定し，容器の底を点 A，水面を点 B，そして水面から 1.2 m 下がった位置を点 C とします。各点の座標は図のとおりとします。このときの各点における位置水頭と圧力水頭，および全水頭を求めてみましょう。

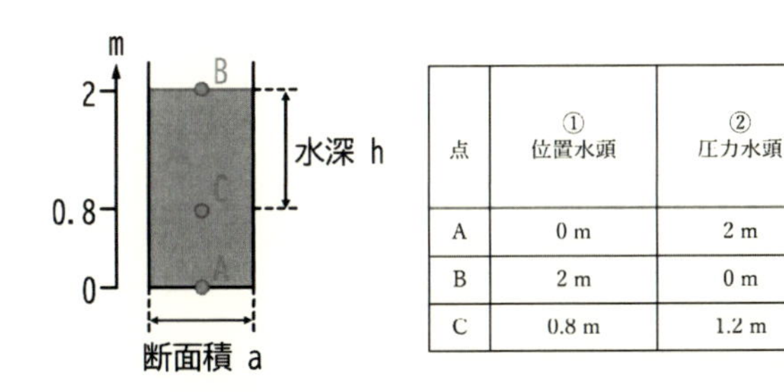

点	① 位置水頭	② 圧力水頭	③=①+② 全水頭
A	0 m	2 m	2 m
B	2 m	0 m	2 m
C	0.8 m	1.2 m	2 m

図 2.1　容器内に静止した水について水頭を計算

位置水頭

位置水頭とは，位置エネルギーの表現方法を変えて長さの単位で表したものです。単純に言えば，位置水頭は基準面からの高さということになります。図 2.1 の例では，点 A の位置水頭は座標原点（基準）と同じなのでゼロ，点 B では 2 m，点 C では 0.8 m となります。

位置水頭を計算で求める場合について説明します。位置エネルギーは，基準位置から重力に逆らって別の高さまで運ぶのに必要な仕事です。エネルギーと仕事は等価な物理量であり，単位はジュール (J) になります。ジュールは SI 基本単位で表すと，$J = m^2 \cdot kg \cdot s^{-2} = N \cdot m$ となるので，力 (N) と長さ (m) の積であることが分かります。図 2.1 で各点における位置エネルギーは，「水の質量（密度）× 重力加速度 × 基準位置からの高さ」によって求めることができます。ここで求めた位置エネルギーを，水の質量（密度）と重力加速度で除すことで位置水頭が求められます。

高校物理で習うように，エネルギーを求める際には質量を用いるのが定義上正しいです。しかし，大学で習う物理では質量ではなく密度を用います。知らずと質量から密度にすり替わっており，明確に違いを説明しているものはあまり見られませんが，密度を用いて計算したエネルギーは正確にはエネルギー密度 (J/m^3) と呼ばれています。単位体積に含まれるエネルギーとして標準化して扱っています。なお，エネルギー密度 (J/m^3) は単位上圧力 (N/m^2) と等しくなります。

圧力水頭

圧力水頭とは，位置水頭と同様に圧力の表現方法を変えて長さの単位で表したものです。圧力 (N/m^2) とは，力 (N) を，作用する面の単位断面積当たりで平均化したものです。応力とも呼びます。力とは，単純に台秤に載っている重さです。したがって点 A から点 C に作用する力とは，その地点に台秤を持ってきたときの数値，すなわちその地点よりも上にあるすべての重さになります。点 A ではそれよりも上に 2 m 分の水柱が乗っています。点 B ではそれよりも上には重りはないので 0 m 分の水柱があると見なすことができます。そして点 C ではそれよりも上に 2 m − 0.8 m = 1.2 m 分の水柱があることが分かります。これらが圧力水頭となります。

なお説明を省略しましたが，これらの水柱の下面に作用する力は，水柱の高さ h× 断面積 a によって体積が求まり，これに水の密度を掛けることで質量となり，さらに重力加速度を掛けることで力となります。圧力は単位断面積当たりの力で定義されるので，圧力＝水の密度 × 重力加速度 × 水柱の高さ h となり静水圧の公式になります。これを圧力水頭として長さで表現すると，位置エネルギーと同様に水の密度と重力加速度 s で除すことになるので，圧力水頭はその地点よりも上にある水柱の高さとなります。

全水頭

全水頭はこれまでに求めた位置水頭と圧力水頭の和によって定義されるものであり，本項の例では図 2.1 の右表に示すとおりの結果となります。全水頭は流れを生み出すための原動力であり，全水頭が高いところから低いところへ向かって流れます。図 2.1 の場合ではいずれの地点でも全水頭は 2 m と等しいので，水は流れずに静止した状態にあることが分かります。

2.1.2 ダルシーの法則

全水頭に差が生まれたとき，全水頭の高いところから低いところへ流れが発生します。ここで土試料を充填したカラム（土柱）を用いて地下水の横方向の流れを模擬する実験を考えます。

例えば図 2.2 のように土試料の左側を水位一定に保つことで土試料へ水を供給し，水を土試料に通過させてから，右側から排水することを考えます。水位差の点から左側から右側に向けて水が流れるのは明らかですが，全水頭が目視で分かるように，土試料の 2 地点にガラス管を立てます。ガラス管内の水位は，ガラス管を立てた位置における土試料の全水頭に等しくなります。2 地点に設けたガラス管内の水位を読み取ることで，その差が流れを引き起こしている全水頭の差 ΔH が分かります。

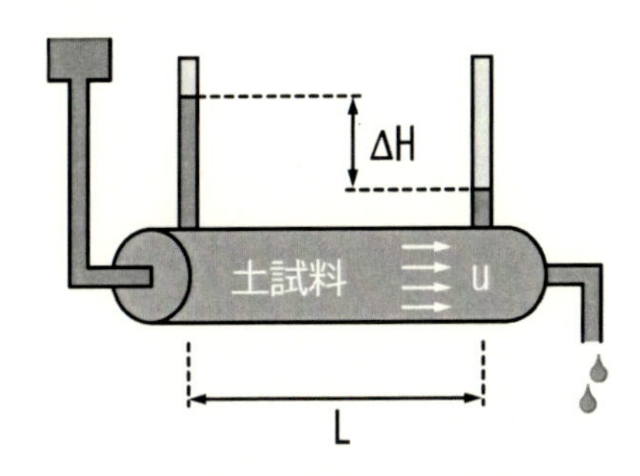

図 2.2 土柱を用いた地下水流れの実験

ガラス管を立てた 2 地点間の距離を L とすると，その間を流れる流速 u は，全水頭差 ΔH に比例し，距離 L に反比例する（流れの抵抗となる土が長くなるため）のは感覚的に納得のいくところでしょう。比例定数を k と置くと，数式では次のように表現できます。

$$u = k \cdot i = k\frac{\Delta H}{L} \tag{2.1}$$

ここで，u：土を流れる平均流速 (m/s)，ΔH：全水頭差 (m)，L：透水距

離 (m)，k：透水係数 (m/s)，および i：動水勾配です。なお，数値シミュレーションでは以下のような微分形式で表現します。

$$u = -k\frac{\partial H}{\partial x} \tag{2.2}$$

ただし，右辺の先頭にマイナスが付いているのに注意が必要です。これは通常事象が進む方向を正としますが，ここでは水の流れる方向を x 軸方向とすると，全水頭は x 軸方向とともに減少するため全水頭の空間微分が負になってしまうので，流れの向きと帳尻を合わせるために先頭にマイナスを付けているためです。

水平方向の流れを計算してみる

実際に土中の流速を計算してみます。図 2.3 のように水平に横たわった土柱 30 cm を浸透する水の流速を求めてみます。水の流れを決めるための全水頭は，位置水頭と圧力水頭の和によって求められるので，それぞれを求めていきます。

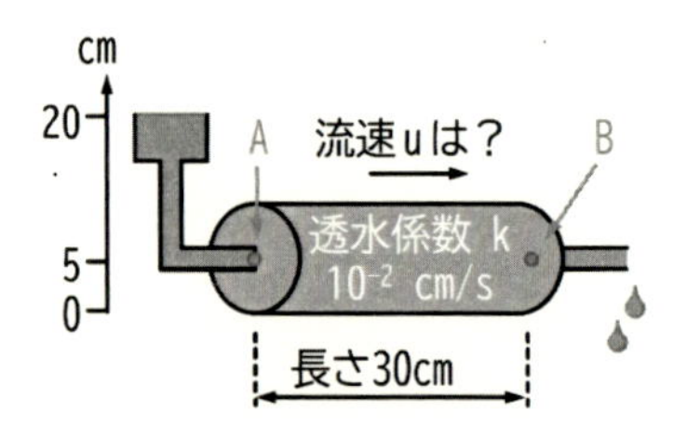

点	位置水頭	圧力水頭	全水頭
A	5 cm	15 cm	20 cm
B	5 cm	0 cm	5 cm

全水頭差 = 20 − 5 = 15 cm

図 2.3　水平流れの場合のダルシー流速の求め方

位置水頭は基準面からの高さなので，図中の座標系に従うと点 A では 5 cm，点 B でも同様に 5 cm となります。圧力水頭は，その点に作用する水の重さに相当し，その点よりも上に載っている水柱の高さになりますので，点 A での圧力水頭は 20 cm − 5 cm = 15 cm となります。

一方で点 B での圧力水頭は注意が必要です。点 A と同じような考え方で 15 cm と求めてはいけません。点 A から点 B に向かって土中を浸透することによって土粒子の抵抗により圧力損失が生じるためです。そのため点 B の圧力水頭は点 A とは同じにはなりません。点 B は浸出点であることに着目すると，そこでの水は空気と触れているため，点 B での圧力水頭はゼロであることが分かります。なぜならば，空気に触れているような水面や浸出点では，そこでの水圧は大気圧と平衡するからです。大気圧はいかなる場所にも等しく作用するので，便宜上ゼロとして扱うというのがゲージ圧の考え方です。

以上より求められた位置水頭と圧力水頭を足し合わせることで各点での全水頭を求めると，点 A では 5 cm + 15 cm = 20 cm，点 B では 5 cm + 0 cm = 5 cm となります。全水頭差は 15 cm となり，全水頭の高い点 A から点 B に向けて水が流れることになります。したがって，式 (2.1) のダルシーの法則に基づいて，浸透する水の流速は

$$u = 10^{-2} \cdot \frac{20 - 5}{30} = 0.005\,\mathrm{cm/s} \tag{2.3}$$

と求めることができます。

鉛直方向の流れを計算してみる

同様に，図 2.4 のように鉛直に立てた土柱 30 cm を浸透する水の流速についても求めてみましょう。位置水頭は，図中の座標系に従うと点 A では 30 cm，点 B では 0 cm となります。圧力水頭は，その点よりも上にある水柱の高さになりますので，点 A での圧力水頭は 35cm − 30cm = 5cm となります。一方点 B での圧力水頭は浸出点につき 0 cm となります。したがって全水頭は点 A で 30cm + 5cm = 35cm となり，点 B で 0cm + 0cm = 0cm となります。全水頭差として点 A の方が 35 cm 高いので，点 A から点 B に向けて水は流れることになります。式 (2.1) のダルシーの法則に基づいて，浸透する水の流速は

$$u = 10^{-2} \cdot \frac{35 - 0}{30} = 0.012\ \mathrm{cm/s} \tag{2.4}$$

となります。

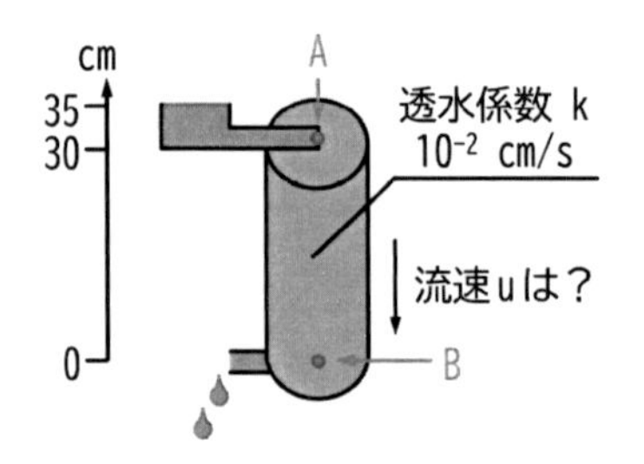

点	位置水頭	圧力水頭	全水頭
A	30 cm	5 cm	35 cm
B	0 cm	0 cm	0 cm

全水頭差 = 35 − 0 = 35 cm

図 2.4　鉛直流れの場合のダルシー流速の求め方

コラム：絶対圧とゲージ圧

空気と触れている水面での圧力はゼロと説明しました。理由は，水面における水圧と空気圧が釣り合わなければならず，空気圧はゼロ故に，それに均衡する水圧もゼロとなるためです。では，なぜ空気圧がゼロとなるのでしょうか？　私たちが見る天気予報では気圧の情報として数字が示されています。何か違うのでしょうか？

答えは，圧力を求めるための基準が異なっているためです。絶対圧とゲージ圧と呼ばれる考え方があります。絶対圧は，完全な真空を基準とした圧力です。どんな空間にも全く空気がない状態，つまり「真空」をゼロとして，その上にどれだけの空気が加わっているかを測るのが絶対圧です。一方，ゲージ圧は，私たちが普段生活している地球の大気圧を基準として測る圧力です。地球上の大気は常に私たちを取り囲んでおり，その圧力は一定です。したがって，ゲージ圧はこの地球の大気圧を「ゼロ」と見なし，そこからの差分で圧力を測ります。

天気予報で紹介される気圧は絶対圧です。平均的な気圧は 1,013 hPa (101,325 Pa) と言われています。しかし同じ地球上であっても，気圧は場所によって異なります。ですので，日本全国などの広範囲で気圧の違いを示すことで，低気圧エリアでは空気が上昇するので雲が形成されやすくなり，雨や雪などが生じる可能性が予想されます。高気圧エリアでは空気が下降し天気が安定して晴れるだろうと予測されます。また高気圧エリアから低気圧エリアに向けて風が発生しますので，風速や温度，湿度の予測にも役立てられます。

ゲージ圧は，大気圧を基準にして対象の圧力を計る方法です。普段私たちの周りの物はすべて空気に触れているため，大気圧を基準にして考えると，数値から圧力のイメージを掴みやすくなります。例えば，もし絶対圧で圧力を考えると，必ず大気圧を考慮に入れなければならなくて，計算が複雑になります。得られた数値も大気圧 1,013 hPa が加算された状態なので，このような大きな数字から圧力レベルをイメージするのは大変困難です。しかし，ゲージ圧を使うと大気圧を基準にして計算するので，もっとシンプルに圧力を理解できるようになります。

2.1.3 飽和浸透流方程式

土中の流れをシミュレーションする方法について述べます。シミュレーションするために，現象を抽象化して数式で表現することをモデリングと呼びます。流れのモデリングは，質量保存則，運動量保存則（運動方程式），またはエネルギー保存則に基づくのが基本です。1.2 節でも述べたとおり，質量保存則はいかなるシミュレーションであっても必ず必要になる条件です。本書では，質量保存則に基づきモデリングの方法を説明いたします。

まずは間隙が水で満たされた，すなわち飽和された土中での水の流れをモデリングします。例えば，地盤の深くに存在する地下水の流れをイメージします。図 2.5 は地下水流れでも，上下を水を通しにくい不透水層で挟まれた部分（被圧帯水層と呼びます）を想定し，水平方向の直線での流れ，すなわち一次元流れを考えます。モデリングにおいて質量保存則を考えるときは，この流れ場の一部分を切り取った要素（微小要素，またはコントロールボリュームと呼びます）を仮定し，そこでの質量の出入りを考えます。質量保存則は，次のように考えます。

$$\text{微小要素内での質量の変化} = \text{流入質量} - \text{流出質量} \tag{2.5}$$

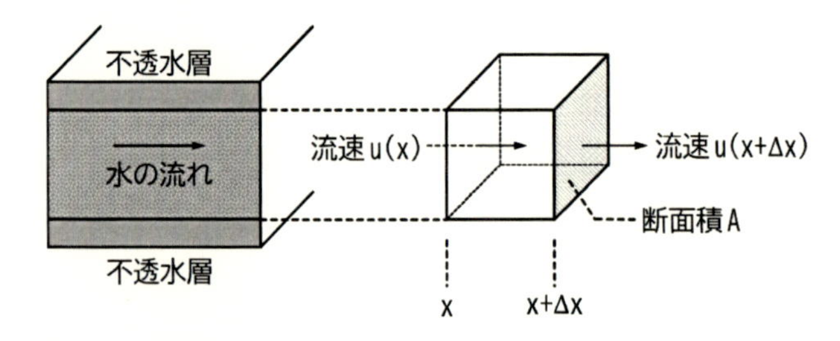

図 2.5　被圧帯水層中の一次元流れをモデリングするための微小要素

図 2.5 の微小要素に対して流入する質量を求めます。流入面は座標 x における面になりますので，水の密度を ρ_{w} (kg/m^3) とすると

$$\text{流入質量 (kg)} = \rho_{\mathrm{w}} \cdot u(x) \cdot A \cdot \Delta t \tag{2.6}$$

と表現できます。ここで，Δt：任意の微小時間 (s) です。同様に微小要素から流出する質量を求めると

$$\text{流出質量 (kg)} = \rho_{\mathrm{w}} \cdot u(x + \Delta x) \cdot A \cdot \Delta t \tag{2.7}$$

となります。

式 (2.5) に戻ります。左辺は

$$\text{微小要素内での質量変化 (kg)} = 0 \tag{2.8}$$

となります。微小要素内での質量変化が 0 になる理由は，対象とする現象が図 2.5 のように不透水層で挟まれた帯水層だからです。飽和している微小要素に対して地下水が流入しても，微小要素はすでに飽和状態にあり流入した地下水を貯留することができないので，その同じ質量分の水が微小要素内から押し出されることになります。したがって，微小要素内での質量変化はゼロになります。以上より，式 (2.5) に対して，式 (2.6) から式 (2.8) までを代入すると，質量保存則は次式で表現されます。

$$0 = \rho_{\mathrm{w}} \cdot u(x) \cdot A \cdot \Delta t - \rho_{\mathrm{w}} \cdot u(x + \Delta x) \cdot A \cdot \Delta t \tag{2.9}$$

水の密度 ρ_{w} と断面積 A，微小時間 Δt は定数なので，式 (2.9) の両辺で除せます。加えて，両辺を微小長さ Δx で除すことで次式を得ます。

$$0 = \frac{u(x) - u(x + \Delta x)}{\Delta x} \tag{2.10}$$

微小長さ Δx は定数ですが，$\Delta x \to 0$ となるような極限操作をとると

$$\lim_{\Delta x \to 0} \frac{u(x + \Delta x) - u(x)}{\Delta x} \equiv \frac{\partial u}{\partial x} \tag{2.11}$$

が数学上の定義になるため，式 (2.10) は

$$-\frac{\partial u}{\partial x} = 0 \tag{2.12}$$

となります。ここで式 (2.2) の流速を与えるダルシーの法則を代入すると，最終的な質量保存則は次のように表すことができます。

$$\frac{\partial}{\partial x}\left(k \frac{\partial H}{\partial x}\right) = 0 \tag{2.13}$$

これを飽和浸透流方程式と呼び，被圧帯水層中の一次元流れを数学的にモデリングしたものです。微分方程式を解くためには境界条件が必要（場合によっては初期条件も必要）になりますが，それによって解が異なるため，式 (2.13) をこれ以上展開することはできません。

式 (2.13) を解く数値シミュレーションにおいても同様に境界条件が必要になります。ある境界条件を与えることで数学的・理論的に答えが導かれる場合もありますが，そうなることは少なく，通常はコンピュータによって計算して近似解（数値解）を求めます。従来はこの数値解を求めるために高度なプログラミング技術が必要とされていましたが，近年ではプログラミング技術がなくても数値解を得ることができるソフトウェアが多数開発されており，使いやすさも含めて完成度は格段に向上しています。

数値シミュレーションに興味がある方でも，昔はプログラミングの壁によって挫折することも少なくありませんでしたが，近年のソフトウェア (場合によっては Web アプリケーションとして提供しているものあります）を活用して，まずは数値シミュレーションの魅力を体験できます。もちろん実務者の方々も，時間を有効活用するために既存のソフトウェアを利用するのは有効な選択肢のひとつです。

2.1.4　準三次元浸透流方程式

次に自由水面（先の被圧帯水層とは異なり、水の流れに追従して地下水

面の形状が変化する）をもつ地下水流れについて考えます。図 2.6 のような自由水面をもつ帯水層を不圧帯水層と呼びます。被圧帯水層と異なるのは，地下水の流れによって地下水位が変化するという点です。流れに伴う地下水位の変動を表現できるモデルには後述する飽和不飽和浸透流方程式（Richard 式）がありますが，緻密なモデリングをするほど理論と計算が難しくなります。ここで紹介する準三次元浸透流方程式（Forchheimer 式）とは，地下水位の変動を表現できる簡便なモデルです [1,2]。準三次元とは，水平方向の二次元地下水流れの解析でも，鉛直方向の地下水位の変化を表現できるという意味です。

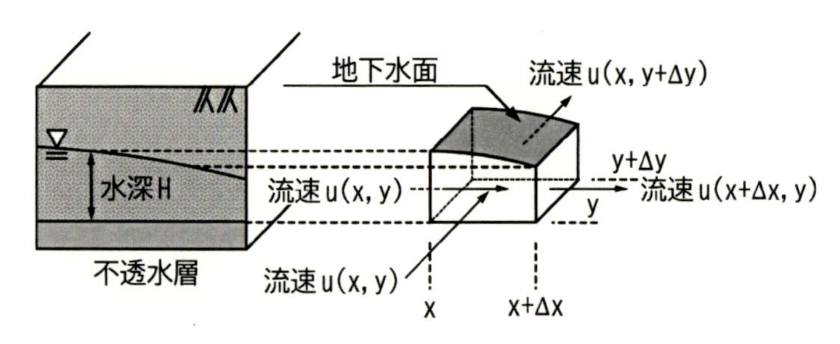

図 2.6　不圧帯水層中の流れをモデリングするための微小要素

簡便なモデルのため，実際の現象に対して考慮できていない点がいくつかあります。そのひとつが Dupuit の仮定を与えている点です。Dupuit の仮定とは図 2.7 のようなものです。簡単に言うと，任意の点における全水頭分布は鉛直方向に一定であると仮定しているというものです（専門的に言うと，図 2.7(a) のように水が流れる経路である流線と全水頭が等しいところを連ねた等ポテンシャル線は直交します。例えば地下水面は流線のひとつであり，それに直交する等ポテンシャル線は少なくとも地下水面に対する法線から始まるのが実際です。しかし Dupuit の仮定では，図 2.7(b) のように地下水面の形状にかかわらず等ポテンシャル線は鉛直方向に一様な直線であると仮定し，地下水面の形状に対して直交していない点が現実とは異なります）。

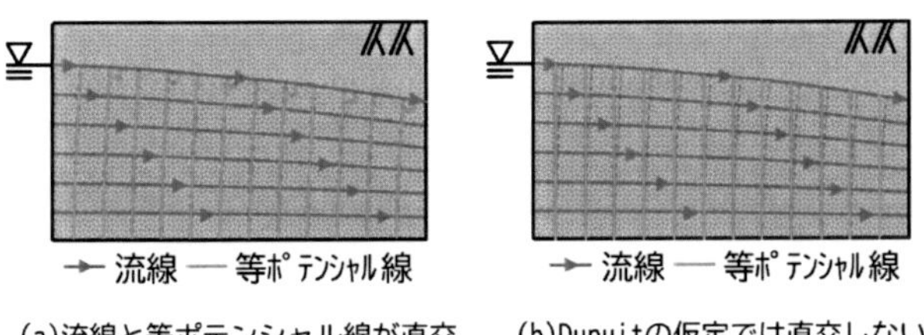

(a)流線と等ポテンシャル線が直交　(b)Dupuitの仮定では直交しない

図 2.7　Dupuit の仮定

しかし，実際の現象とは異なるとは言え，必ずしも不適切なモデルであるとは限りません。地下水面の変動が小さければ適用可能なモデルとなりますし，何よりも簡便なモデルなので計算負荷が小さく実用性に優れる特長があります。重要なのは，数値シミュレーションでは現実に可能なかぎり近づけたモデリングが求められているわけではなく，単純なモデルであってもその長所と短所を知って適切に用いることであり，そこが腕の見せどころということです。

図 2.6 の水の流れを定式化していきます。2.1.3 項と同様に質量保存則の点から，図 2.6 中の微小要素に対して流入出する水の質量について考えます。流入質量は，

$$\text{流入質量 (kg)} = \rho_w \cdot Hu\left(x, y\right) \cdot \Delta y \cdot \Delta t + \rho_w \cdot Hu\left(x, y\right) \cdot \Delta x \cdot \Delta t \quad (2.14)$$

となります。ここで，右辺第一項は x 軸方向流れによる流入質量，右辺第二項は y 軸方向流れによる流入質量を表します。全水頭 H は Dupuit の仮定を与えることで水深と等価になります。したがって，全水頭 H に流入面の幅となる Δy または Δx を掛けることで，それぞれ x 軸方向からの流れに対する流入面の面積，y 軸方向からの流れに対する流入面の面積になります。また，全水頭 H は x 座標と y 座標に依存するパラメータですので，同じく座標に依存する流速 u と同化して，両者の積をひとつのパラメータ Hu として扱っているがポイントです。一方，流出質量は

$$\text{流出質量 (kg)} = \rho_w \cdot Hu\left(x + \Delta x, y\right) \cdot \Delta y \cdot \Delta t + \rho_w \cdot Hu\left(x, y + \Delta y\right) \cdot \Delta x \cdot \Delta t \quad (2.15)$$

と表すことができます。

質量保存則の左辺にある微小要素内での質量変化ですが，先の被圧帯水層とは異なり，不圧帯水層の場合にはゼロにはなりません。自由水面をもつので，質量の流入速度が流出速度よりも大きい場合には，微小要素に排水以上に給水されていることを意味するため地下水面は上昇します。逆に流入速度が流出速度よりも小さい場合には，微小要素から給水以上に排水されているので地下水面は低下します。給水と排水に伴う地下水面の変動は，微小要素内の間隙体積に含まれる水量の変化に等しいので，

$$\text{微小要素内での質量変化 (kg)} = \rho_{\mathrm{w}} \cdot \phi \cdot \Delta x \cdot \Delta y \cdot \Delta H \tag{2.16}$$

となります。ここで，ϕ：間隙率です。

以上より，質量保存則の式 (2.5) に式 (2.14) から式 (2.16) を代入すると

$$\begin{aligned}&\rho_{\mathrm{w}} \cdot \phi \cdot \Delta x \cdot \Delta y \cdot \Delta H = \\ &\quad \rho_{\mathrm{w}} \cdot Hu\left(x, y\right) \cdot \Delta y \cdot \Delta t + \rho_{\mathrm{w}} \cdot Hu\left(x, y\right) \cdot \Delta x \cdot \Delta t - \\ &\quad \left[\rho_{\mathrm{w}} \cdot Hu\left(x + \Delta x, y\right) \cdot \Delta y \cdot \Delta t + \rho_{\mathrm{w}} \cdot Hu\left(x, y + \Delta y\right) \cdot \Delta x \cdot \Delta t\right]\end{aligned} \tag{2.17}$$

となり，整理すると

$$\phi \frac{\Delta H}{\Delta t} = \frac{Hu\left(x, y\right) - Hu\left(x + \Delta x, y\right)}{\Delta x} + \frac{Hu\left(x, y\right) - Hu\left(x, y + \Delta y\right)}{\Delta y} \tag{2.18}$$

となります。$\Delta x \to 0, \Delta y \to 0, \Delta t \to 0$ となるような極限操作をとると

$$\phi \frac{\partial H}{\partial t} = -\frac{\partial Hu}{\partial x} - \frac{\partial Hu}{\partial y} \tag{2.19}$$

となり，式 (2.2) のダルシーの法則を代入すると，最終的な質量保存則は次のように表すことができます。

$$\phi \frac{\partial H}{\partial t} = \frac{\partial}{\partial x}\left(kH\frac{\partial H}{\partial x}\right) + \frac{\partial}{\partial y}\left(kH\frac{\partial H}{\partial y}\right) \tag{2.20}$$

これを準三次元浸透流方程式（Forchheimer 式）と呼びます。なお，透

水係数と全水頭の積となるパラメータ kH は透水量係数 (m^2/s) と名付けられています。準三次元浸透流方程式は，地下水の揚水問題，例えば揚水によって周辺地下水位が変動する範囲を推定したり，地下水中の汚染物質を揚水によって回収する場合にはその補足範囲を推定したりすることに用いられています。

2.1.5 飽和不飽和三次元浸透流方程式

飽和不飽和三次元浸透流方程式とは，Richard の式と呼ばれるものです [3-5]。特徴は前項に述べたような Dupuit の仮定を用いておらず，また土の毛管現象（後述）を考慮している点で，より現実的な水の挙動をモデリングするものとして幅広く用いられています。毛管現象を考慮しているため，地下水面よりも上の不飽和帯における水の浸透挙動も計算できます。例えば，地盤や廃棄物等の多孔質媒体の表面が降雨に曝されたときの浸透挙動をシミュレーションすること等に利用されています。

図 2.8 のような不飽和土中の微小要素における水の質量保存則を考えます。今回は三次元流れをモデリングしてみます。なお，説明のために微小要素のなかには地下水面を描いていますが，イメージであり実際のモデリングとは異なります。微小要素内の間隙に含まれる水の量は均一と考えますので，微小要素内の水の存在は体積含水率というパラメータを用いて均一化します。

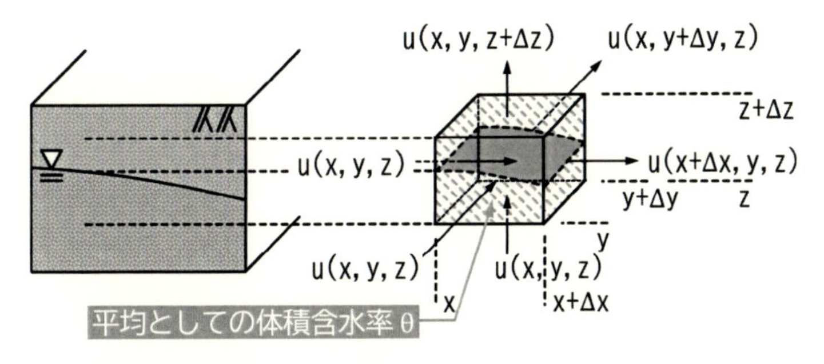

図 2.8　不飽和土中の流れをモデリングするための微小要素

流入質量は,

$$
\text{流入質量 (kg)} = \rho_\mathrm{W} \cdot u\left(x,y,z\right) \cdot \Delta y \cdot \Delta z \cdot \Delta t + \rho_\mathrm{W} \cdot u\left(x,y,z\right) \cdot \Delta x \cdot \Delta z \cdot \Delta t + \rho_\mathrm{W} \cdot u\left(x,y,z\right) \cdot \Delta x \cdot \Delta y \cdot \Delta t \tag{2.21}
$$

となります。右辺第一項は x 軸方向流れによる流入質量，右辺第二項は y 軸方向流れによる流入質量，右辺第三項は z 軸方向流れによる流入質量です。同様に流出質量は，次のとおりになります。

$$
\text{流出質量 (kg)} = \rho_\mathrm{W} \cdot u\left(x+\Delta x,y,z\right) \cdot \Delta y \cdot \Delta z \cdot \Delta t + \rho_\mathrm{W} \cdot u\left(x,y+\Delta y,z\right) \cdot \Delta x \cdot \Delta z \cdot \Delta t + \rho_\mathrm{W} \cdot u\left(x,y,z+\Delta z\right) \cdot \Delta x \cdot \Delta y \cdot \Delta t \tag{2.22}
$$

次に，微小要素内での質量変化は，

$$
\text{微小要素内での質量変化 (kg)} = \rho_\mathrm{W} \cdot \Delta x \cdot \Delta y \cdot \Delta z \cdot \Delta \theta \tag{2.23}
$$

となります。微小要素表面における水の流入出によって生じる微小要素内部での水分量の変化を $\Delta\theta$ として表現し，ここで θ：体積含水率です。体積含水率とは土の単位体積当たりの水の体積占有率と定義されるパラメータです。なお，間隙が水で満たされた飽和時の体積含水率は，間隙率と同じ値になります。

以上より，質量保存則の式 (2.5) に式 (2.17) から式 (2.19) を代入すると

$$
\begin{aligned}
\rho_w \cdot \Delta x \cdot \Delta y \cdot \Delta z \cdot \Delta\theta = {} & \rho_w \cdot u\left(x,y,z\right) \cdot \Delta y \cdot \Delta z \cdot \Delta t + \\
& \rho_w \cdot u\left(x,y,z\right) \cdot \Delta x \cdot \Delta z \cdot \Delta t + \rho_w \cdot u\left(x,y,z\right) \cdot \Delta x \cdot \Delta y \cdot \Delta t - \\
& \left[\rho_w \cdot u\left(x+\Delta x,y,z\right) \cdot \Delta y \cdot \Delta z \cdot \Delta t + \rho_w \cdot u\left(x,y+\Delta y,z\right) \cdot \right. \\
& \left. \Delta x \cdot \Delta z \cdot \Delta t + \rho_w \cdot u\left(x,y,z+\Delta z\right) \cdot \Delta x \cdot \Delta y \cdot \Delta t\right]
\end{aligned} \tag{2.24}
$$

となり，整理すると

$$
\frac{\Delta\theta}{\Delta t} = \frac{u\left(x,y,z\right) - u\left(x+\Delta x,y,z\right)}{\Delta x} + \frac{u\left(x,y,z\right) - u\left(x,y+\Delta y,z\right)}{\Delta y} + \frac{u\left(x,y,z\right) - u\left(x,y,z+\Delta z\right)}{\Delta z} \tag{2.25}
$$

となります。ここで，$\Delta x \to 0, \Delta y \to 0, \Delta z \to 0, \Delta t \to 0$ とすると

$$\frac{\partial \theta}{\partial t} = -\frac{\partial u}{\partial x} - \frac{\partial u}{\partial y} - \frac{\partial u}{\partial z} \tag{2.26}$$

となり，式 (2.2) のダルシーの法則を代入すると，最終的な質量保存則は次のように表すことができます。

$$\frac{\partial \theta}{\partial t} = \frac{\partial}{\partial x}\left(k\frac{\partial H}{\partial x}\right) + \frac{\partial}{\partial y}\left(k\frac{\partial H}{\partial y}\right) + \frac{\partial}{\partial z}\left(k\frac{\partial H}{\partial z}\right) \tag{2.27}$$

これを Richard の式と呼び，飽和不飽和のいずれにも対応可能な三次元浸透流方程式です。なお式 (2.27) は，以下のように微分演算子や総和規約を用いて短く表現されることもあります。

$$\frac{\partial \theta}{\partial t} = \nabla \cdot (k\nabla H) \tag{2.28}$$

$$\frac{\partial \theta}{\partial t} = \frac{\partial}{\partial x_i}\left(k\frac{\partial H}{\partial x_i}\right), \text{または} \frac{\partial \theta}{\partial t} = \frac{\partial}{\partial x_i}\left(k_{ij}\frac{\partial H}{\partial x_j}\right) \tag{2.29}$$

Richard の式は一見シンプルな微分方程式ですが，この状態であると未知量に全水頭 H と体積含水率 θ の二つが存在し，方程式一つでは解くことができません。そのため，後述するような全水頭と体積含水率の関係式を持ち込む必要がありますが，その関係式には強い非線形性があるため求解を難しくしています。条件によっては大きな計算負荷を生じたり，計算の安定性を悪くしたりするので，使いこなすのは比較的難しいものです。

圧力水頭と体積含水率の関係

式 (2.28) または式 (2.29) 中の全水頭は，位置水頭と圧力水頭の和によって定義されています。このうち圧力水頭と体積含水率には関係があると言われており，この関係は水分特性曲線と呼ばれています。

地表面からの深度方向の体積含水率分布のイメージ図を図 2.9 に示します。水圧とはその地点よりも上にある水の重さであり，圧力水頭はその地点よりも上にある水柱の高さであることを説明しました。このことから地下水面より下（帯水層）では，地下水面から深くなるにつれて圧力水頭は高くなりその値は正です。地下水面下の体積含水率は飽和状態なので，体

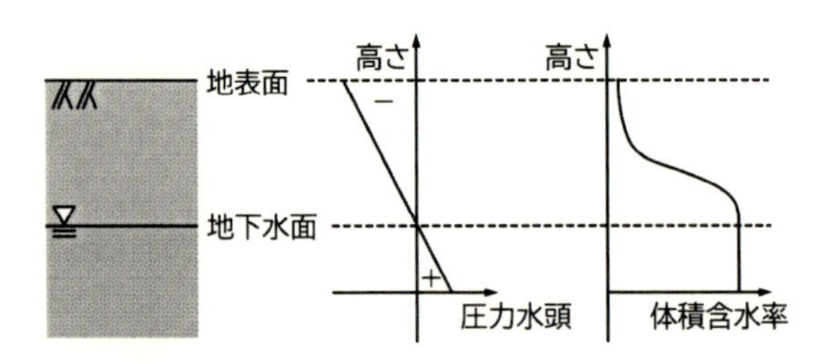

図 2.9　深さ方向の圧力水頭と体積含水率

積含水率はその土が取り得るうちの最大値をとり，地下水面以深ではその値で一定となります。

では，地下水面よりも上ではどうなるでしょうか？ 圧力水頭が，大気と接触している地下水面をゼロとして，地下水面から深くなるにつれて正の方向に大きくなるので，その逆となる地下水面より上では，地下水面よりも高く地表面に近づくにつれて圧力水頭は負の方向に大きくなると想像できます。実際に地下水面より上の不飽和帯では圧力は負であり，水を吸い上げるような力が作用しています。これは多孔質媒体特有の毛管現象と呼ばれるものです。

例えば，水面上に乾いたスポンジを置くと乾いたスポンジは次第に湿潤していきます。水面と接したスポンジの面から水を吸い上げているためであり，これが毛管現象です（水圧は正であると周りを押す作用となりますので，周りから吸う毛管作用では水圧は負に相当すると理解して間違いはありません）。また吸水後のスポンジは，水面に接している部分では水分量が最も高く，水面から離れるにつれてスポンジ内の水分量は少なくなることが想像できるかと思います。

van Genuchten の式

図 2.8 のような不飽和帯中の体積含水率と圧力水頭の関係付けは古くから研究が進められてきました。その結果，いくつかの提案式が普及しています。その中でも van Genuchten モデルがよく知られており [6], これは

$$S_e \equiv \frac{\theta - \theta_r}{\theta_s - \theta_r} = \left[1 + \left(\alpha \left|p\right|^n\right)\right]^{-m} \tag{2.30}$$

のように水圧と体積含水率を関係付けるものです。ここで，p：水圧 (Pa), S_e：有効飽和度，θ_r：水分残留状態にある体積含水率，θ_s：飽和時の体積含水率，α：空気侵入圧の逆数に相当するフィッティングパラメータ (1/Pa), n：水分特性曲線の傾きを与えるフィッティングパラメータです。$m = 1 - 1/n$ の関係があります。なお，長さのスケールをもつ圧力水頭 H_p は，水圧 p を水の密度 ρ_w と重力加速度 g で除すことで換算できるので，$H_p = p/(\rho_w g)$ です。

したがって，水圧と体積含水率を式 (2.30) において関係付けるためには，多孔質媒体の特性値であるパラメータ α（空気侵入圧の逆数に係るパラメータ）とパラメータ n（水分特性曲線の傾きに係るパラメータ）を与える必要があります。これらのパラメータは，通常保水性試験と呼ばれる方法によって水圧（負の圧力でコントロールするため，絶対値をとりサクションと呼ぶこともあります）と体積含水率の関係を得て，その関係をフィッティングによって求めることになります。保水性試験から得られる結果のフィッティング方法についても Web 上でアプリケーションが公開

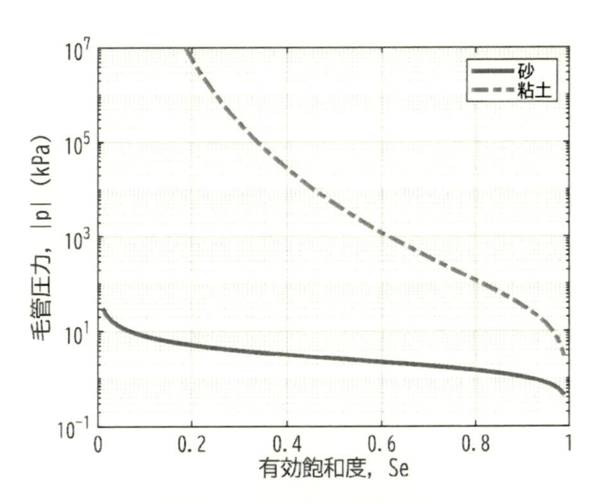

図 2.10　水分特性曲線の例

されており [7,8], 実験結果があれば誰もがパラメータとして特性化できる時代となりました。なお，また体積含水率と飽和度には $S = \phi\theta$ となる関係があり，phi：間隙率，S：飽和度です。飽和度は土の間隙体積に占める水の割合を表します。図 2.10 は van Genuchten 式によって求めた砂と粘土の水分特性曲線です。多孔質媒体の種類によって異なり，代表的なパラメータは既往研究によって整理されています [9,10]。

透水係数と体積含水率の関係

式 (2.28) または式 (2.29) で表される Richard の式に，式 (2.30) の水圧と体積含水率の関係を用いることで，水圧のみを変数とした Richard の式に書き換えることができます。未知数一つに対して，方程式一つなので解くことは可能です。ただ，流速を求めるためのダルシーの法則には，水の流れに対する抵抗となるパラメータ（透水係数）が含まれるため，不飽和状態における透水係数は水分量が少なくなるにつれて低くなります。これは水が存在する箇所に対してのみ水の流れが発生するためで，すなわち水分量が少ないほど水が通るエリアが少なくなり透水係数は低くなります。

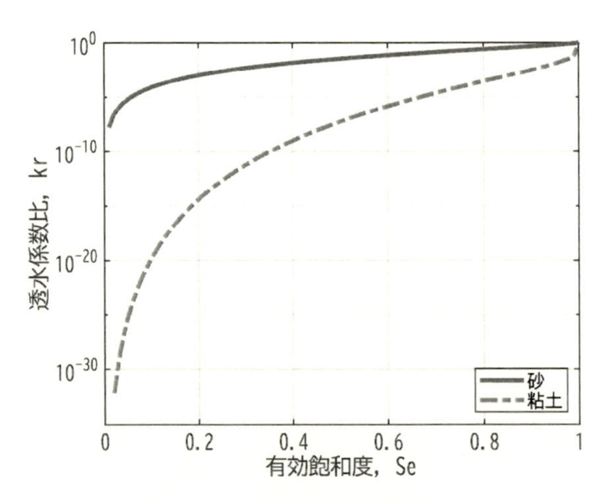

図 2.11　不飽和浸透特性曲線の例

$$k_{\mathrm{r}} = {S_{\mathrm{e}}}^{1/2} \left[1 - \left(1 - {S_{\mathrm{e}}}^{\frac{1}{m}} \right)^{m} \right]^{2} \tag{2.31}$$

図 2.11 は式 (2.31) によって求めた不飽和状態にある砂と粘土の透水係数と有効飽和度の関係です。ここで用いるパラメータ m には，van Genuchten 式に与える数値を同じものを与えます。

水圧で整理した Richard 式

式 (2.28) に示す Richard 式を，式 (2.30) と式 (2.31) を考慮して表すと

$$\phi \frac{\partial S_{\mathrm{e}}(p)}{\partial p} \frac{\partial p}{\partial t} = \nabla \cdot \left[\frac{k_{\mathrm{r}}(S_{\mathrm{e}})\, k_{\mathrm{sat}}}{\rho_{\mathrm{w}} g} \left(\nabla p + \rho_{\mathrm{w}} g \nabla z \right) \right] \tag{2.32}$$

となります。ここで，k_{sat}：飽和透水係数 (m/s) です。$\theta(p)$ は水圧に依存する有効飽和度であり，図 2.10 のような水分特性曲線を示します。また，$k_r(S_e)$ は有効飽和度に依存する透水係数比であり，図 2.11 のような不飽和浸透特性曲線を示します。有効飽和度と水圧は式 (2.30) によって関係付けられているので，透水係数比 k_r は水圧の関数として読むこともできます。したがって，Richard 式は，式 (2.32) のように水圧を変数と微分方程式として表すことができ，未知数 1 つに対して方程式 1 つとなり解くことができるようになります。

なお，式 (2.32) は飽和透水係数ではなく固有透過度 K を用いて

$$\phi \frac{\partial S_{\mathrm{e}}(p)}{\partial p} \frac{\partial p}{\partial t} = \nabla \cdot \left[\frac{k_{\mathrm{r}}(S_{\mathrm{e}})\, K}{\mu_{\mathrm{w}}} \left(\nabla p + \rho_{\mathrm{w}} g \nabla z \right) \right] \tag{2.33}$$

と表現する場合もあります。ここで

$$k_{\mathrm{sat}} = \frac{\rho_{\mathrm{w}} g}{\mu_{\mathrm{w}}} K \tag{2.34}$$

であり，K：固有透過度 (m^2) を表します。透水係数は水の密度や粘性の影響も含んだ多孔質媒体の抵抗を表すパラメータですが，固有透過度はこのうち水の密度や粘性の影響を除いたものであり，いわば多孔質媒体の間隙構造そのものによる物理的抵抗を表したパラメータとして認識されています。この固有透過度を介して，密度や粘性の影響が小さい気体について透気係数を求めたり，または多孔質媒体中の気体の流れをモデリングしたりすることへと繋がっていきます。

2.2　物質輸送

ここからは流れではなく，物質輸送 (Transport) について解説します。水の流れは全水頭の高い地点から低い地点に向かって生じます。一方で水中に溶けた化学物質は流れに沿って運搬されるものもあれば，化学物質が分子の集合体であるために高濃度の領域から低濃度の領域に向かう動きもあります。このように水中に溶けた化学物質の挙動は必ずしも水の流れと一致するものではありませんので，その挙動を解くためには，水とは別に，化学物質に着目したモデリングを行う必要があります。

2.2.1　移流

川の流れが水中の小石や砂を下流へ運ぶように，水はその流れに沿ってさまざまなものを移動させます。移流とは，流れに沿って化学物質を輸送する現象を指します。例えば，図 2.12 のように流速 1 cm/d で流れる川を仮定し，所定位置から濃度 100 mg/L の化学物質を 250 日間放出したとします。250 日後に化学物質がどこまで広がるのかを考えると，その輸送距離は，$L_1 = 250\ (\mathrm{d}) \times 1\ (\mathrm{cm/d}) = 250\ \mathrm{cm}$ となります。濃度分布を考えると 250 日後には放流地点から下流 250 cm までが濃度 100 mg/L となり，それ以外は放流の影響が及ばないため濃度 0 mg/L となります。このような考え方を移流と呼びます。

このときの物質輸送量を考えます。この輸送量をフラックスと呼び，単位時間・単位断面積当たりの物質輸送量として定義されます。水の流量は $Q = u \cdot A = 1\ (\mathrm{m}^2) \times 1\ (\mathrm{cm/d}) = 0.01\ \mathrm{m}^3/\mathrm{d}$ となります。その水の中に濃度 100 mg/L の化学物質が混入しているため，移流による物質輸送量（フラックス）は $F = 0.01\ (\mathrm{m}^3/\mathrm{d}) \times 100\ (\mathrm{mg/L}) = 1{,}000\ \mathrm{mg/d}$ となります。すなわち，移流によるフラックスは

$$F_{\mathrm{adv}} = Q \cdot c/A = u \cdot c \tag{2.35}$$

と表され，ここで，F_{adv}：移流によるフラックス (mol/m^2/s)，u：平均流速 (m/s)，c：濃度 (mol/m^3) です。なお，環境分野における化学物質濃度の単位には mg/L を用いることが多いですが，ここでは物体の物理

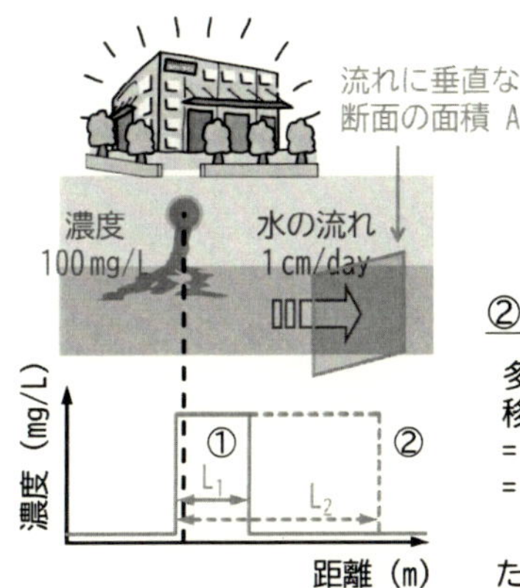

図 2.12　流れに放出された化学物質が輸送される距離

的な重さと区別するために化学物質の量は mol を用いて表しています。

ここで特に注意しなければならないのは，平均流速と実流速の違いです。図 2.12 では川の流れを想定していたので，流速 1 cm/d とは平均流速であり実流速でもあります。しかし，図 2.12 が間隙率 0.4 をもつ地下水流れであった場合はどうでしょうか？　その場合は 250 日後の輸送距離 L_2 は 625 cm になり，川の場合を想定した $L_1 = 250$ cm とは異なります。

図 2.13 は多孔質媒体における平均流速と実流速の違いを示しています。平均流速はダルシー流速とも呼ばれ，式 (2.1) や式 (2.2) のダルシーの法則で計算される値も平均流速になります。平均流速は多孔質媒体の断面積全体から出てくる見かけの流速であり，水相や固相の区別はありません。一方，実流速は間隙内流速とも呼ばれており，多孔質媒体中の水相を流れる流速に当たります。平均流速と実流速の間には，

$$v = u/\theta \tag{2.36}$$

の関係があり，ここで，v：実流速 (m/s) です。θ：体積含水率 (m^3/m^3) は 1 よりも小さな値ですので，実流速は平均流速よりも大きくなります。断面積全体としてではなく，実質的に流れが発生する水相のみに着目しているためです。ただし，フラックスは多孔質媒体でも式 (2.35) で計算されます。これは，フラックスが固相または水相の割合に関係なく，土の単

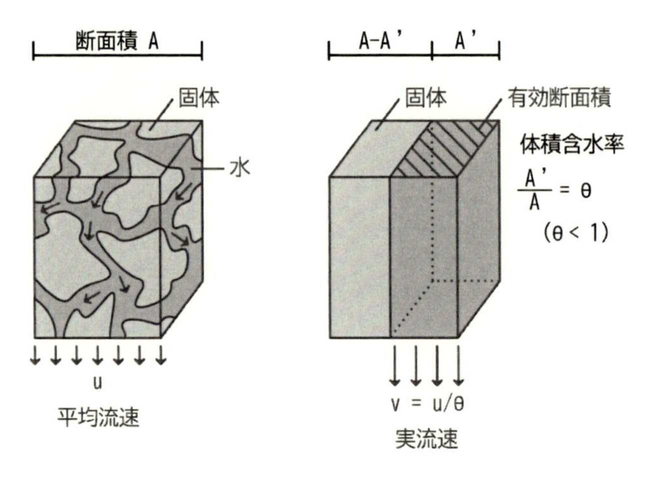

図 2.13　多孔質媒体における平均流速と実流速の違い

位断面積当たりとして定義されているからです（または，実流速によって運ばれる化学物質量 $v \cdot c$ を単位断面積当たりに換算するために間隙率を乗じることで $F_{\mathrm{adv}} = \phi \cdot v \cdot c = u \cdot c$ となると考えてもよいでしょう）。したがって，質量保存則によって基礎方程式を導く際にも式 (2.35) を用いることができます。なぜならば，図 2.5，図 2.6，または図 2.8 のように土の任意位置での微小要素を考えたとき，その微小要素の単位断面積に流入出する化学物質の輸送量（フラックス）を与える必要があり，それは式 (2.35) となるからです。

2.2.2　分子拡散

分子拡散は，私たちの日常生活でもよく見られる現象です。例えば，水の入ったコンプの中に赤インクを一滴落としたとき，最初は落とした場所の水だけが濃い赤色になります。しかし，時間が経つと，そのインクはゆっくりとコップ全体に広がっていき，最終的には全体が薄い赤色で一様になります。これが分子拡散の一例です。

分子拡散とは，物質が高濃度の場所から低濃度の場所へと自然に移動する過程を指します。この現象は，分子がランダムに動く（ブラウン運動）ことによって起こります。分子は常に動いており，その結果として徐々に均一に分布するように広がっていきます。このように，分子拡散は物質が空間内で均一な分布になるように働き，物質輸送を担う現象のひとつです。

物質輸送には，移流（水の流れ）だけではなく，上述したように分子拡散も影響します。この2つが組み合わさると，どのような濃度分布となるでしょうか？ 答えは，図2.14のようになります。移流だけの場合，物質の濃度ははっきりとした境界をもちます。つまり，図2.12のように，濃い部分と薄い部分が明確に分かれます。しかし，移流と分子拡散が一緒に作用すると，この境界がぼやけて広がります。これは，例えば化学物質濃度100 mg/Lの水が濃度0 mg/Lの清浄な水と接すると濃い部分と薄い部分の間に濃度差が生まれ，この濃度差をなくそうと分子拡散が働き，濃度を均一化するような動きが生じるためです。

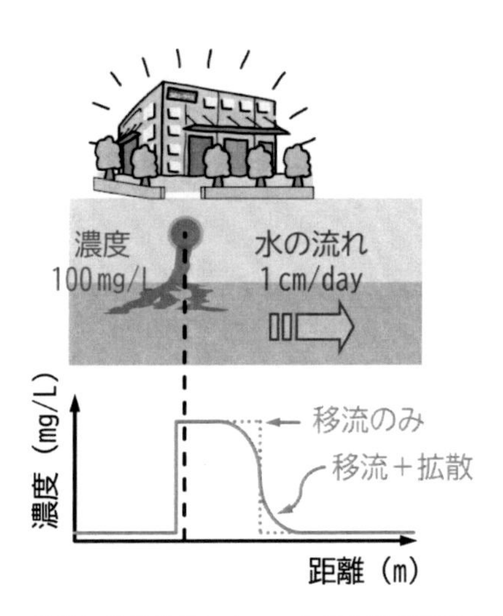

図2.14 移流と分子拡散によって化学物質が輸送される距離

分子拡散による物質輸送量を考えます。フィックの法則によれば，分子拡散によるフラックスは濃度勾配に比例することが認められており，比例定数を分子拡散係数と呼びます。しかし，多孔質媒体中での分子拡散を扱う上では，フィックの法則に対して2つの補正を与える必要があります。

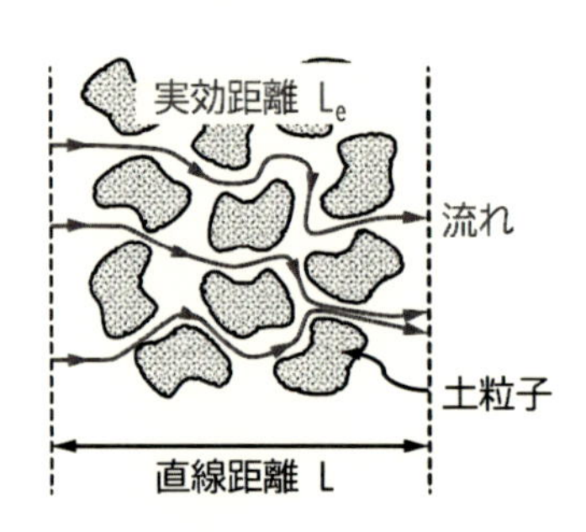

図 2.15　拡散を妨げる土粒子と屈曲率の考え方

一つは平均化のための補正です。分子拡散による輸送は水相に限られるので，フィックの法則で定式化したフラックスを多孔質媒体の単位断面積（水相のみならず固相も含んだ全体）で平均化するために間隙率を乗じる必要があります。また，図 2.15 のように，多孔質媒体中での分子拡散では多孔質の構造自体が輸送の抵抗となります。そのため単位時間当たりの輸送量は抵抗がない場合に比べて小さくなります。そこでもう一つの補正としてこの抵抗を間隙構造の蛇行性に起因するものと考えて，1 以下の数値をもつ屈曲率を乗じて輸送量に与える抵抗の影響を表現します。

以上 2 つのファクターを考慮して，多孔質媒体中の拡散フラックスをフィックの法則で表現すると，

$$F_{\mathrm{dif}} = -\theta \tau D_{\mathrm{m}} \frac{\partial c}{\partial x} \tag{2.37}$$

となります。ここで，F_{dif}：拡散によるフラックス (mol/m^2/s)，D_{m}：分子拡散係数 (m^2/s)，τ：屈曲率です。屈曲率の概念は，図 2.15 のように土の間隙を縫うように流れたときの実効距離 L_e と直線距離 L の比に依存すると考えられており実験式も存在しますが [11], 不確実性の高い場でのパラメータなので検証は難しいものです。しかし，近年多孔質媒体のミクロな間隙構造を直接観察して，画像分析によって屈曲率の分布を捉えることが可能になってきています。昔では解明できなかった現象やパラメータの中身でも，現在の先端技術によって解明が進むこともあるでしょう。

なお拡散係数のおおよそのオーダーは決まっており，水中での分子拡散係数は 10^{-9} m^2/s オーダー，空気中になると 10^{-6} m^2/s オーダーになり

ます。この数字感は覚えておくと便利です。なぜならば，環境汚染防止対策の効果を見かけの拡散係数によって表すことが往々にあるからです。例えば汚水に対する遮水シートによる封じ込めや，汚染土壌または廃棄物のセメント処理の効果を見かけ上の拡散係数として表現していますので，水中での分子拡散係数と比較して何倍異なるのか等のイメージ付けに大変有効です。

2.2.3　分散

分散は多孔質媒体内の物質輸送において特徴的な現象で，流れがあるときに発生するものです。通常，輸送に与える影響力は分子拡散よりも大きいので，無視することはできません（ただし，低透水性の多孔質媒体や拡散性のあるガス輸送を対象とする場合は除きます)。

まず分散について図 2.16 を用いて説明します。図 2.16 は土中の流れと物質輸送を観察するための実験装置であり，水位差を与えることで水は左から右に向かって土中を通過して流れています。染料は，水が土中を通じてどのように移動し，広がるかを視覚的に示しています。左の土表面から染料を 3 か所で注入すると，注入直後では染料は同心円状に分布しています。時間が経過し染料が水の流れに沿って輸送されると，次第に流れ方向を長辺とする楕円状に分布が変化していることが分かります。このように流れ方向の流速に先行して染料が広がることを分散と呼びます。

図 2.16　土中の流れに沿って輸送される染料

分散現象は図 2.17 に示す要因により引き起こされると考えられています。ここでは間隙壁での摩擦，移動経路，および土粒子の丸みによる間隙径の不均一性の影響について説明します。

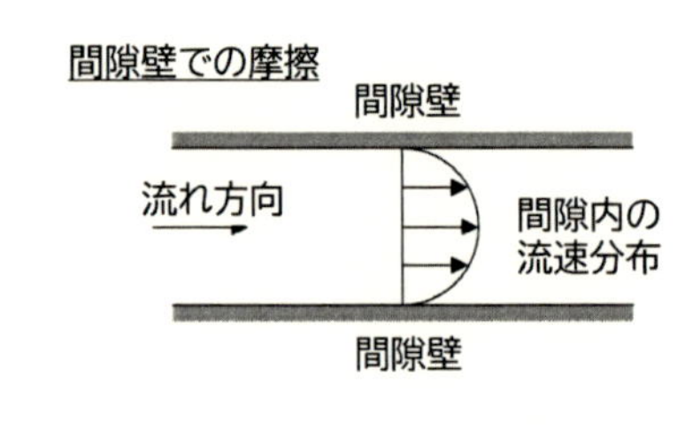

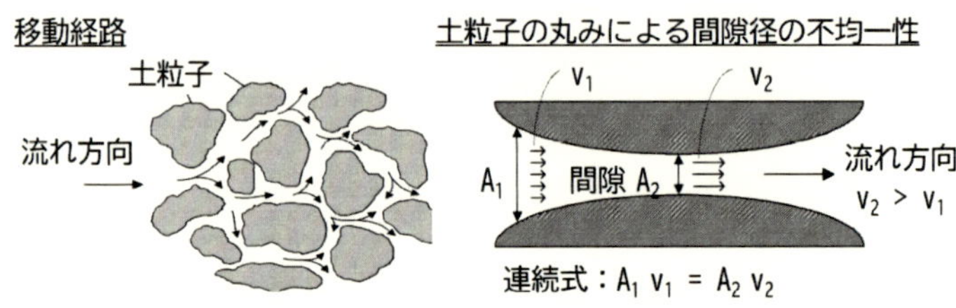

図 2.17　分散を引き起こす主な要因 [12]

まず，間隙壁での摩擦について考えます。間隙径の流速分布は中心部で最も速くなり間隙壁でゼロとなることが知られています。これは間隙壁表面上では摩擦が働くためであると考えられています。こうした流速分布をもつ間隙径内に染料を置いた場合，間隙径中心部にある染料は単位時間当たり最も遠くに輸送されますが，逆に間隙壁に近い染料ほど流速が遅くなるため輸送距離が短くなります。流速分布が生じることで単位時間当たりの染料の輸送距離が異なるため，濃度分布に濃淡が発生します。

次に，移動経路の影響を考えます。これは上流側のある一点から染料を注入したとしても，その後染料は間隙を縫うように移動するため，移動経路が異なれば単位時間当たりの輸送距離も異なり，濃度分布に濃淡が発生するというものです。流下方向に直線的に最短の経路を選択した染料は単位時間当たりの輸送距離は長くなりますし，逆に迂回するような経路を選択した染料は単位時間当たりに流下方向に進む距離は短くなりますが，その分流下直角方向にも移動するので染料は流れに対して横方向にも広がり得ることが分かります。

最後に土粒子の丸みによる間隙径の不均一性について説明します。間隙径の大きい流路では流れが遅く，間隙径が小さい流路では流れが速いことが連続式（図 2.17 に記載のある $A_1v_1 = A_2v_2$）から分かります。同一の流路上で流速が異なると，染料に対する連続式を考えれば $c_1A_1v_1 = c_2A_2v_2$ となり（ここで c_1：流路が広い部分における染料の濃度，c_2：流路が広い部分における染料の濃度とする），流れが遅い部分では濃度が高く，流れが速い部分では濃度が低くなることが分かります。このように間隙径の不均一性もまた濃淡の違いを引き起こす要因となります。

以上が多孔質媒体中で分散現象が生じる理由です。最も重要なことは，これらは流速があって初めて生じる現象という点です。つまり分散には流速依存性があり，分散によるフラックス F_{dis} (mol/m^2/s) は，

$$F_{\mathrm{dis}} = -\theta\alpha_{\mathrm{L}}v\frac{\partial c}{\partial x} \tag{2.38}$$

として与えられます。ここで，α_{L}：縦分散長 (m)，v：実流速 (m/s) です。このように分散による輸送量は流速に比例し，流速がゼロの場合では分散は生じないことが分かります。なお，二次元または三次元における分散フラックスは，

$$F_{\mathrm{dis},i} = -\theta D_{ij}\frac{\partial c}{\partial x_j} \tag{2.39}$$

となり，分散係数 D_{ij} を次式で与えることで異方性を表現しています。

$$D_{ij} = \alpha_{\mathrm{T}}\left|v\right|\delta_{ij} + \left(\alpha_{\mathrm{L}} - \alpha_{\mathrm{T}}\right)\frac{v_iv_j}{\left|v\right|} \tag{2.40}$$

ここで，α_{T}：横分散長，δ_{ij}：クロネッカーデルタを表します。クロネッカーデルタ δ_{ij} とは $i = j$ のとき $\delta = 1$ を与え，$i \neq j$ のとき $\delta = 0$ を与える関数です [13]。なお，式 (2.40) は機械的分散 (Mechanical dispersion) と呼ぶこともあり，後述する分子拡散を包含する分散係数と区別しています。

2.2.4　移流分散方程式

これまでと同じように，土中の微小要素を考慮してそこに流入出する化学物質について質量保存則を考えます。飽和または不飽和にかかわらず定式化するために，図 2.18 のような所定の体積含水率をもつ微小要素を考

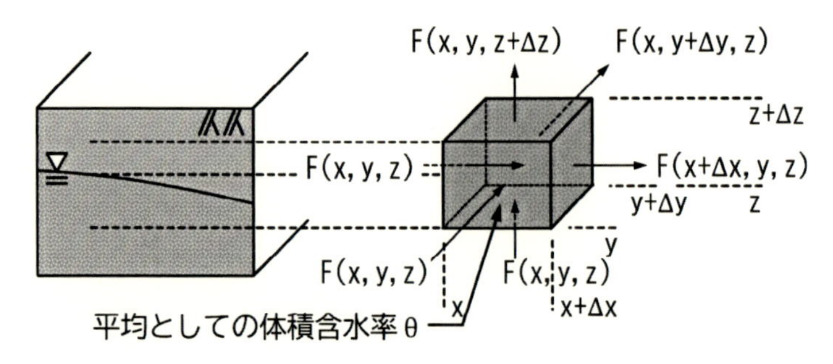

図 2.18　化学物質の質量保存則を考えるための土の微小要素

えます。図 2.8 で概念は説明済みなので，ここでは微小要素中に地下水面を明示するのは避けて所定の体積含水率をもつ均一要素であることを強調しました。また微小要素に対して流入出するのは水の流れではなく，化学物質のフラックスであることに書き換えています。

流入する化学物質の質量は，

$$\text{流入する化学物質の質量 (kg)} = F\left(x,y,z\right)\cdot\Delta y\cdot\Delta z\cdot\Delta t + F\left(x,y,z\right)\cdot\Delta x\cdot\Delta z\cdot\Delta t + F\left(x,y,z\right)\cdot\Delta x\cdot\Delta y\cdot\Delta t \tag{2.41}$$

となります。右辺第一項は x 軸方向からの物質輸送による流入質量，右辺第二項は y 軸方向からの物質輸送による流入質量，右辺第三項は z 軸方向からの物質輸送による流入質量です。流出する化学物質の質量もまた，次のとおりになります。

$$\text{流出質量 (kg)} = F\left(x+\Delta x,y,z\right)\cdot\Delta y\cdot\Delta z\cdot\Delta t + F\left(x,y+\Delta y,z\right)\cdot\Delta x\cdot\Delta z\cdot\Delta t + F\left(x,y,z+\Delta z\right)\cdot\Delta x\cdot\Delta y\cdot\Delta t \tag{2.42}$$

次に，微小要素内での化学物質の質量変化は，

$$\text{微小要素内での質量変化 (kg)} = \theta\cdot\Delta x\cdot\Delta y\cdot\Delta z\cdot\Delta c \tag{2.43}$$

となります。体積含水率 θ をもつ微小要素において化学物質の流入出によって生じる質量変化を Δc として表現しています。

以上より，質量保存則の式 (2.5) に式 (2.41) から式 (2.43) を代入すると

$$\theta \cdot \Delta x \cdot \Delta y \cdot \Delta z \cdot \Delta c = F\left(x, y, z\right) \cdot \Delta y \cdot \Delta z \cdot \Delta t + \\ F\left(x, y, z\right) \cdot \Delta x \cdot \Delta z \cdot \Delta t + F\left(x, y, z\right) \cdot \Delta x \cdot \Delta y \cdot \Delta t - \\ \left[F\left(x + \Delta x, y, z\right) \cdot \Delta y \cdot \Delta z \cdot \Delta t + F\left(x, y + \Delta y, z\right) \cdot \right. \\ \left. \Delta x \cdot \Delta z \cdot \Delta t + F\left(x, y, z + \Delta z\right) \cdot \Delta x \cdot \Delta y \cdot \Delta t\right] \tag{2.44}$$

となり，整理すると

$$\theta \frac{\Delta c}{\Delta t} = \frac{F\left(x, y, z\right) - F\left(x + \Delta x, y, z\right)}{\Delta x} + \\ \frac{F\left(x, y, z\right) - F\left(x, y + \Delta y, z\right)}{\Delta y} + \frac{F\left(x, y, z\right) - F\left(x, y, z + \Delta z\right)}{\Delta z} \tag{2.45}$$

となります。ここで，$\Delta x \to 0, \Delta y \to 0, \Delta z \to 0, \Delta t \to 0$ とすると

$$\theta \frac{\partial c}{\partial t} = -\frac{\partial F}{\partial x} - \frac{\partial F}{\partial y} - \frac{\partial F}{\partial z} \tag{2.46}$$

となります。ここで，化学物質の輸送に移流，分散，および分子拡散が作用すると，フラックスは $F = F_{\mathrm{adv}} + F_{\mathrm{dis}} + F_{\mathrm{dif}}$ となるので，例えば一次元輸送の場合には

$$\theta \frac{\partial c}{\partial t} = \frac{\partial}{\partial x}\left[\theta\left(\alpha_{\mathrm{L}} v + \tau D_{\mathrm{m}}\right) \frac{\partial c}{\partial x}\right] - u \frac{\partial c}{\partial x} \tag{2.47}$$

となり，これを移流分散方程式と呼びます。読者によっては移流拡散方程式は耳をしたことがあるかもしれせんが，多孔質媒体では移流分散方程式と呼びます。式の形は同じですが，拡散と分散で明確な使い分けがなされています。これは多孔質媒体において，特に水中に溶けた物質輸送では，拡散よりも分散の方が卓越するためです。

三次元移流分散方程式は，微分演算子や総和規約を用いて

$$\theta \frac{\partial c}{\partial t} = \nabla \cdot \left(\theta D_{ij} \nabla c\right) - u \nabla c \tag{2.48}$$

$$\theta \frac{\partial c}{\partial t} = \frac{\partial}{\partial x_i}\left(\theta D_{ij} \frac{\partial c}{\partial x_j}\right) - u_i \frac{\partial c}{\partial x_i} \tag{2.49}$$

と書くこともあります。ただし，このときの分散係数 D_{ij} は次式によって

分子拡散の影響も包括的に扱っています。

$$D_{ij} = \alpha_{\mathrm{T}} |v| \delta_{ij} + (\alpha_{\mathrm{L}} - \alpha_{\mathrm{T}}) \frac{v_i v_j}{|v|} + \tau D_{\mathrm{m}} \delta_{ij} \tag{2.50}$$

ここで，D_{ij}：分散係数 (m^2/s) です。

移流分散方程式の未知数は濃度 c です。これを求めるためには，流速 u や体積含水率 θ を既知量として扱う必要があります。そこで移流分散方程式を解く場合には，その前段で浸透流方程式を解き水圧分布 p を求めておく必要があります。浸透流方程式から水圧分布が求まれば，ダルシー則を用いて流れ場に換算できるためです。

2.3　実務における計算例

流れと物質輸送に係る理論が，実際どのような形で活用されるのかを，簡単な例を用いて紹介します。

2.3.1　汚染の拡大を防ぐための遮水壁

図 2.19 のように地盤に汚染が発覚した場合の対策について考えます。地盤には持ち主（地主）がいます。汚染が見つかった場合には，汚染原因者が明確でないかぎりは，その責任は地主にあります。汚染のある地盤は土地価格に悪影響を及ぼすどころか，長期間放置してしまった場合には知らずと汚染が広がり，隣接する別の地主にまで悪影響を及ぼします。地盤の汚染の難しいところは，地盤の中身を確認することが容易ではない点です。地主が知らないうちに地盤汚染を抱えており，それが手に負えないほど拡大してしまう例も少なくありません。そのため，環境汚染を生じ得るような化学物質を扱う事業者では自主的に地盤の汚染検査を行っています。

地盤汚染が見つかった場合の対策について考えてみましょう。まず，対象地盤から汚染物質を除去する，または汚染土壌を良質土で置換することが考えられます。こうした除去対策は清浄な元の地盤に戻るため最も望ましい手段のひとつだと言えますが，対策に要する費用がどうしても高くな

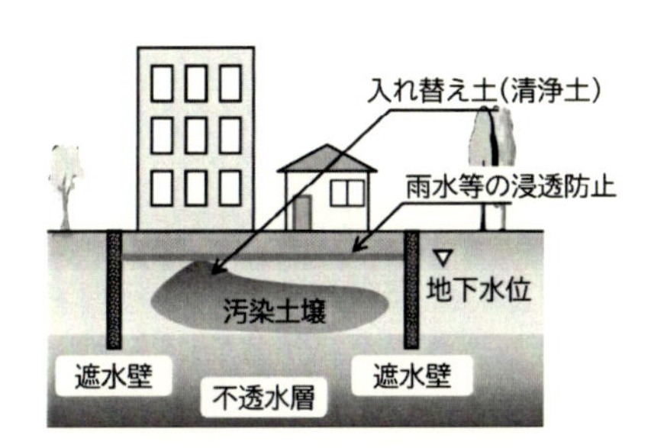

図 2.19　地盤が汚染した際の拡散防止対策

りがちです。また，市街地等であれば工事を行うための十分な広さが得られない場合や，そもそもその土地の上に建物が立っている場合には掘削できない等の制約によって適用できない場合があります。

他には，封じ込めも対策のひとつです。封じ込めとは汚染物質は地中に残っているものの，その移動を最小限に抑えるとともに周辺の人々に及ぼすリスクを最小化する対策のことです。例えば図 2.19 の場合では，地盤の表層をアスファルトやコンクリート，または遮水シートで被覆することが挙げられます。地表の人々が地中にある汚染物質に直接触れることを防止し，また降雨等の浸透を抑制することで汚染物質の拡散を最小化できます。他にも汚染土壌に薬液を注入して固化することや，周辺に鉛直遮水壁で四方を囲むことで汚染物質の拡散を防ぐことでも封じ込めが可能です。

対策を効果的にするには，期待される効果を事前に予測する必要があります。そして予測結果は，事業者自身はもちろんのこと，場合によっては地方自治体等行政や近隣住民にとっても関心が高いところです。そのため誰にでも理解しやすい簡潔な手法が望まれます。それを支援するのが理論です。

図 2.20 のように汚染地盤の周りを鉛直遮水壁で囲ったときの封じ込めの効果を試算してみます。封じ込め効果とは，ひとつの考え方として，汚染物質が遮水壁を通過するのに要する時間として解釈できます。この時間を滞留時間またはトラベルタイムと呼び，その値が長いほど汚染物質を長期間遮断できる，すなわち封じ込め効果が高いと見なすことができます。

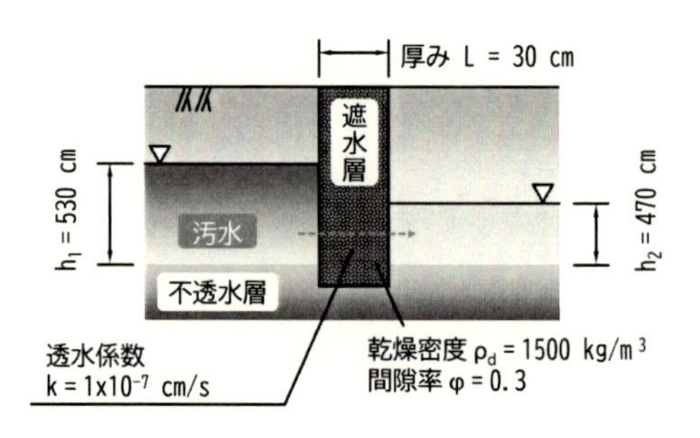

図 2.20　遮水壁を通過するのに要する時間

まず遮水壁を通過するときの水の流速を求めます。流れは全水頭の高い位置から低い位置へと流れますので，遮水壁の上流側と下流側で全水頭を求めると表 2.1 のとおりとなります。不透水層の上面を水頭計算の基準として考えると，遮水壁の上流側と下流側は，いかなる場所でも位置水頭は 0 cm となります。圧力水頭は，基準面よりも上方にある水柱の高さに相当するため，上流側の圧力水頭は 530 cm となり，下流側では 470 cm となります。全水頭は，位置水頭と圧力水頭の和で与えられるので，上流側の全水頭は 0 + 530 = 530cm となり，下流側では 0 + 470 = 470cm となります。故に遮水壁に作用する全水頭差は 530 − 470 = 60cm となります。よって，式 (2.1) のダルシーの法則を用いると，流速は

$$u = k\frac{\Delta H}{L} = 1 \times 10^{-7} \cdot \frac{60}{30} = 2 \times 10^{-7}\ \mathrm{cm/s} \tag{2.51}$$

となります。

表 2.1　遮水壁の上流と下流での全水頭

	①位置水頭	②圧力水頭	③全水頭(=①+②)
遮水壁の上流側	0 cm	530 cm	530 cm
遮水壁の下流側	0 cm	470 cm	470 cm
		全水頭差 =	60 cm

最後に滞留時間（トラベルタイム）を求めます。遮水壁を通過する流速が式 (2.51) によって求められたので，遮水壁の厚さに対して流速で除す

ことで滞留時間を求めることができます。ただしダルシー流速は平均流速であり，図 2.13 のような違いを考えると，実際に水を通過している間隙内では汚染物質は

$$v = \frac{u}{\phi} = \frac{2 \times 10^{-7}}{0.3} = 6.67 \times 10^{-7}\ \mathrm{cm/s} \tag{2.52}$$

の実流速をもって輸送されていることを忘れてはなりません。したがって，滞留時間 T は

$$T = \frac{L}{v} = \frac{60}{6.67 \times 10^{-7}} = 9 \times 10^{7}\ \mathrm{s} = 2.85\mathrm{yr} \tag{2.53}$$

となり，図 2.20 の条件では，おおよそ 2.85 年後には遮水壁から汚染物質が浸出するだろうという予測になります。

最も重要なことは，2.85 年という数値の扱いです。数値のみが先走ると，「なんだ。遮水壁を設けても，たった 2.85 年しか耐えられないのか。」という印象に繋がってしまいます。ここで注意しなければならないことは 2 つあります。1 つ目は，得られた数値は遮水性を表す絶対的なものではなく，与える条件によって結果は変わるという点です。2 つ目は，これは水の移動であり，化学物質の特性が反映されていないという点です。

一点目について，この数値は図 2.20 の条件を仮定した場合の結果です。それは，全水頭や遮水壁の厚みや透水係数によって，如何様にもなります。例えば，遮水壁の上流側の水位を低くしたらどうでしょうか？ 当然全水頭差は低くなり，それだけ流速は遅くできます。その結果，滞留時間は長くなります。もちろん遮水壁の材質（厚さや透水係数）を変えることで滞留時間を長くすることは可能ですが，流れを生み出す根源は水位差であり，水位差が大きくならないような管理をすることが肝要です。遮水壁上流側の水位が上がらないように，地表面を被覆して雨水浸透を抑制する等の対策と組み合わせると，さらに効果を発揮します。

二点目についてです。ダルシーの法則は，多孔質媒体中の水（流体）の速さや方向を計算するのに使います。水に溶け込んだ化学物質もこの水の流れに沿って移動しますが，この移動の過程において，化学物質特有の作用が影響を及ぼす場合があります。土粒子表面にくっついたり，離れたりする「吸脱着反応」という現象がその移動に影響を与えます。吸脱着反応

は化学物質と土粒子の相性によって決まりますが，この効果が顕著であるとき，吸脱着反応は化学物質の流れを遅らせるブレーキのような役割を果たします。そのためトラベルタイムが上記計算のように 2.85 年であっても，それは水の移動に関する評価であり，化学物質のトラベルタイムとしては吸脱着反応によってそれよりも長くなる場合があります。吸脱着反応の詳細については次章でさらに深く掘り下げて説明します。

2.3.2　最終処分場の漏れを防ぐ遮水工

廃棄物最終処分場は私たちの生活と産業活動には不可欠な社会基盤ですが，汚染源になり得るという懸念もあるため，発生する汚水を周辺の地下水から遮断するための方法やその性能があるのかには関心が集まります。

図 2.21 は遮断の方法として用いられることが多い最終処分場の最深部にある遮水工です。必ずしもすべての最終処分場がこの構造をもっているわけではなく，説明のための一例であり，記載した数字も処分場によって異なりますので取り扱いには注意してください。遮水工には，処分場外に汚水が漏れるのを防ぐため，水を通しにくい材料が用いられます。水を通しにくい材料とは透水係数が低い材料で，例えば粘土や遮水シート等が挙げられます。なおコンクリートを用いても低い透水係数が得られますが，ひび割れが発生するとそこから水が浸透して弱面となり遮水できなくなるので，通常遮水工に用いられることはありません。なお遮水シートの上にある保護土とは，廃棄物の埋立作業時において遮水シートを傷つけないように保護するためのものであり，遮水目的ではないので，遮水工の要素には含まれません。

さて，遮水工の性能評価においても，滞留時間（トラベルタイム）をひとつの指標として用いることができます。遮水工を通過する水の流速を求めるために，まず，図 2.21 の条件において遮水工上面（遮水シートの上）と下面（粘土層の底）で作用する全水頭を求めると表 2.2 のようになります。すなわち遮水工の下面を水頭を求めるための基準面と考えた場合，位置水頭は遮水工の下面では 0 cm，上面では 50 + 0.15 = 50.15 cm となります。圧力水頭は，水柱の高さとして例えて説明すると，上面では水面までの高さ 50 cm の水柱が水圧として作用します。しかし，下面の圧力水

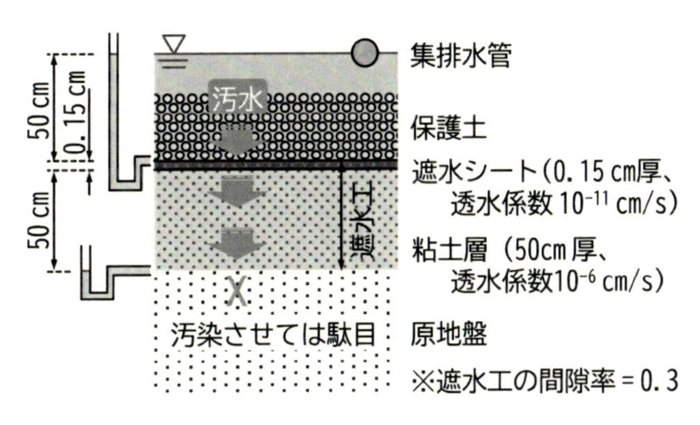

図 2.21　最終処分場の底部遮水工の断面

頭は水柱の高さから求めることができません。なぜならば，遮水工を水が通過する際に，抵抗を受けて圧力損失が起こるためです。したがって，上面に作用する水頭情報から下面の圧力水頭は求めることはできません。しかし，下面は汚水の浸出点であり，そこでは空気と接触していると仮定すると，下面に作用する圧力水頭は大気圧に平衡するので，すなわち 0 cm となります。

表 2.2　遮水工の上面と下面での全水頭

	①位置水頭	②圧力水頭	③全水頭(=①+②)
遮水工の上面	50.15 cm	50 cm	100.15 cm
遮水工の下面	0 cm	0 cm	0 cm
		全水頭差 =	100.15 cm

以上より遮水工の滞留時間（トラベルタイム）を求めます。式 (2.1) のダルシーの法則より遮水工を通過する水の平均流速は

$$u = k_{\mathrm{e}} \frac{\Delta H}{L} \tag{2.54}$$

で与えられ，ここで，k_{e}：遮水シートと粘土層を一体として見なしたときの換算透水係数 (m/s) であり

$$k_{\mathrm{e}} = \frac{L}{L_1/k_1 + L_2/k_2} \tag{2.55}$$

で与えられます [2]。詳しくは後述のコラムにて解説していますので，ご参照ください。

したがって，遮水シートを厚み $L_1 = 0.15$ cm，透水係数 $k_1 = 10^{-11}$ cm/s として，粘土層を厚み $L_2 = 50$ cm，透水係数 $k_1 = 10^{-6}$ cm/s とすると

$$k_e = \frac{0.15 + 50}{0.15/10^{-11} + 50/10^{-6}} = 3.33 \times 10^{-9}\ \mathrm{cm/s} \tag{2.56}$$

として換算透水係数を得るので，式 (2.54) に代入すると

$$u = k_e \frac{\Delta H}{L} = 3.33 \times 10^{-9} \cdot \frac{100.15}{50.15} = 6.65 \times 10^{-9}\ \mathrm{cm/s} \tag{2.57}$$

として平均流速が得られます。

滞留時間を求めるために遮水工の間隙内を流れる実流速を求めます。遮水工の間隙率は不明ですが，仮に 0.3 と仮定すると，式 (2.36) より

$$v = \frac{u}{\phi} = \frac{6.65 \times 10^{-9}}{0.3} = 2.22 \times 10^{-8}\ \mathrm{cm/s} \tag{2.58}$$

として実流速が求まりますので，したがって滞留時間 T は

$$T = \frac{L}{v} = \frac{50.15}{2.22 \times 10^{-8}} = 2.26 \times 10^{9}\ \mathrm{s} \doteq 71.7\mathrm{yr} \tag{2.59}$$

となります。よって図 2.21 の条件では，おおよそ 71.7 年後には遮水工から汚水が浸出するだろうという予測になります。ただし，前項と同様に 71.7 年という数字はさまざまな条件によって左右されることを忘れてはなりません。遮水シートの間隙率も分かり得るものではありません。

汚水の漏れを防ぐには，本質的には雨水の浸透を抑制したり排水を促進させたりして，水の流れを発生させる原因となる遮水工上の水位をいかに高めないようにするのかが重要であり，数値や材料にこだわる以上に，現場の状況を鑑みて何を制御するべきなのかを考えることが大切になります。

なお，計算された滞留時間（トラベルタイム）の値が遮水性能として充分なのか否かの判断は，汚水が発生する期間と比較することになります。廃棄物最終処分場の場合では，埋立廃棄物からの汚水の発生は無限に続く

ものではなく，ある一定期間内に限られます。その発生期間を上回るような滞留時間をもつ遮水構造とすることが要件となります。

コラム：換算透水係数の求め方

図 2.22 のように，多くの地層から構成される地盤に対して，重力方向に水が浸透する場合の換算透水係数は次式によって与えられます。

$$k_{\mathrm{e}} = \frac{\sum_{i=1}^{n} L_i}{\sum_{i=1}^{n} \frac{L_i}{k_i}} \tag{2.60}$$

ここで，地層は n 層から成ると仮定しており，k_e：全地層を一体として見なしたときの重力方向の流れに係る換算透水係数 (m/s)，L_i：第 i 層の厚さ (m)，k_i：第 i 層の透水係数 (m) です。

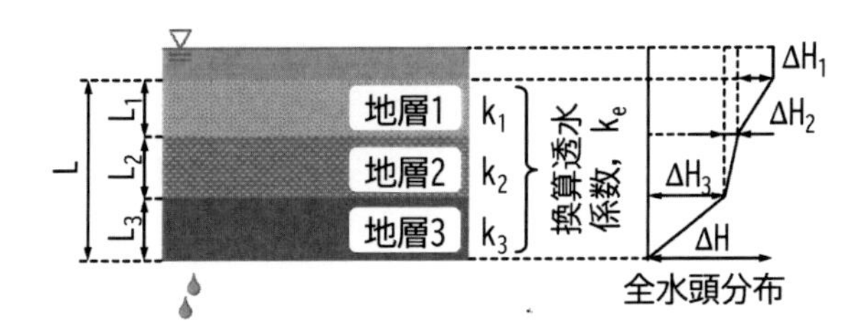

図 2.22　重力方向の浸透に対する多層地盤の換算透水係数

解説：

重力方向の流れに係る換算透水係数の求め方では，各層を重力方向に流れる水の流速はすべて等しい点に着目します。第一層から流出した水量は第二層に流入し，第二層から流出した水量は第三層に流入するように，いかなる地層においても流入水量と流出水量は等しくなるので，重量方向の流速はすべての地層において等しくなければなりません。

このことを前提に，第 i 層の重力方向に流れるダルシー流速は

$$u_i = k_i \cdot \frac{\Delta H_i}{L_i} \tag{2.61}$$

となり，またすべての層を一体と見なしたときのダルシー流速は

$$u_e = k_e \cdot \frac{\Delta H}{L} \tag{2.62}$$

として定義されます。

ここから，制約となる各層における重力方向の流量一定条件と

$$u_e = u_1 = u_2 = \ldots = u_i = \ldots = u_n \tag{2.63}$$

を考慮し，さらに幾何的な制約条件となる

$$\Delta H = \sum_{i=1}^{n} \Delta H_i \tag{2.64}$$

および

$$L = \sum_{i=1}^{n} L_i \tag{2.65}$$

を考慮して，式 (2.61) と式 (2.62) を一つの式で表現します。

具体的な手続きは次のとおりです。式 (2.61) と式 (2.62) を，式 (2.63) に代入すると

$$k_e \cdot \frac{\Delta H}{L} = k_1 \cdot \frac{\Delta H_1}{L_1} = k_2 \cdot \frac{\Delta H_2}{L_2} = \ldots \tag{2.66}$$

が得られるので，ここから第 i 層に生じる全水頭差 ΔH_i を

$$\Delta H_i = k_e \cdot \frac{L_i/k_i}{L} \Delta H \tag{2.67}$$

のように表現できます。幾何的な制約条件を考慮し，式 (2.64) を用いれば

$$\frac{L}{k_e} = \sum_{i=1}^{n} \frac{L_i}{k_i} \tag{2.68}$$

となり，また式 (2.65) を考慮すると，次の換算透水係数が導出されます。

$$k_e = \frac{L}{\sum_{i=1}^{n} \frac{L_i}{k_i}} = \frac{\sum_{i=1}^{n} L_i}{\sum_{i=1}^{n} \frac{L_i}{k_i}} \tag{2.69}$$

参考文献

[1] W. キンツェルバッハ: 『パソコンによる地下水解析』, 森北出版 (1990).

[2] 石原研而: 『土質力学』, 丸善株式会社 (1988).

[3] Richards, L. A.: The usefulness of capillary potential to soil moisture and plant investigation, *Journal of Agricultural Research*, Vol.37, pp719-742 (1928).

[4] Richards, L. A.: Capillary Conduction of Liquids Through Porous Mediums, *Physics*, Vol.1, No.5, pp.318-333 (1931).

[5] 登尾浩助: 古典を読む L. A. Richards 著「多孔質体を通る液体の毛管伝導」, 『土壌の物理学』, No.109, pp.75-79 (2008).

[6] van Genuchten, M. Th: A closed-form equation for predicting the hydraulic conductivity of unsaturated soils, *Soil Science Society of America Journal*, Vol.44, pp.892-898 (1980).

[7] 関勝寿: SWRC Fit.
https://seki.webmasters.gr.jp/swrc/index-ja.html（2024 年 10 月 7 日参照）

[8] Seki, K.: SWRC fit - a nonlinear fitting program with a water retention curve for soils having unimodal and bimodal pore structure, *Hydrology and Earth System Sciences Discussion*, Vol.4, pp.407-437 (2007).

[9] Carsel, R. F. and Parrish, R. S.: Developing joint probability distributions of soil water retention characteristics, *Water Resources Research*, Vol.24, pp.755-769 (1988).

[10] Rawls, W. J., Brakensiek, D. L., and Saxton, K. E.: Estimating soil water properties, *Environmental Science*, Vol.25, No.5, pp.1316-1320 and 1328 (1982).

[11] Millington, R. J. and Quirk, J. P.: Transport in porous media, The 7th Transactions of the International Congress of Soil Science, pp.97-106 (1960).

[12] 勝見武: 『地盤環境汚染の基礎と解析の考え方』, engineering-eye テクニカルレポート, 伊藤忠テクニカルソリュージョンズの化学・工学系情報サイト (2005).
https://www.engineering-eye.com/rpt/w010_katsumi/（2024 年 10 月 7 日参照）

[13] Bear, J.: Dynamics of Fluids in Porous Media, Elsevier Science Ltd. (1972).

第3章

廃棄物に係る反応と数学的表現

前章では，水の流れと化学物質の輸送に関する理論を紹介しました。化学物質の輸送では，主に移流と分散，および分子拡散が働くことを説明しましたが，輸送する過程で化学物質特有の反応が生じることがあります。本章では主に廃棄物に係る化学物質において，生成（湧き出し）と消費（吸い込み）に係る現象について紹介します。

3.1　廃棄物等から汚水が出る現象

まずは，廃棄物からどのようにして化学物質が生成されるかを説明します。通常，外部からの影響がなければ，廃棄物から化学物質が発生することは少ないです（ただし，ガス形成は例外です）。しかし，雨が降ると話は変わります。雨によって廃棄物に含まれる水溶性の化学物質が溶け出し，その結果，化学物質を含む汚水が発生します。

3.1.1　溶出

溶出とは，雨水等が廃棄物や再生製品に接触することで，これらの表面上に付着している化学物質を洗い流したり，または内部に含まれている化学物質を分子拡散によって放出したりすることで，水に溶け込むことを言います。溶出した結果，廃棄物や，廃棄物を用いたリサイクル製品等から汚水が生じる場合があります。

環境安全性を調べるためには，廃棄物やリサイクル製品等からの化学物質の溶出量を明らかにした上で，溶出した化学物質の拡散範囲を適切に予測しなければなりません。溶出量を大きく見積もれば予測される拡散範囲は大きく評価されます。このときの評価結果は実際よりも安全側であると解釈できます。安全側の条件で設計した施工で近隣の健康維持と生活環境の保全が達成されるならば，近隣住民を含む関係者には安心に繋がるので，施工に対する理解も得られやすいでしょう。しかし，安全側の条件といっても溶出量として過度に大きな値を与えると廃棄物やリサイクル製品からの拡散を必要以上に考慮することになり，安心を得るためとはいえ，オーバースペックな拡散防止対策が求められてコスト高になります。場合によっては過度な条件設定をしたが故に現実的に採用し得る対策が皆無となることもあるでしょう。そのため，安全側での設計は関係者の安心を得るために必要な手段である一方で，現実的な対策工が限られてくるため廃棄物の埋立やリサイクル材料の利用が滞ることも少なくありません。そのため，現地で生じ得る溶出量を適切に評価できる試験方法が必要です。

3.1.2　溶出速度を調べるための実験方法

通常，廃棄物や汚染土壌，リサイクル製品の品質を定める試験方法に溶出試験というものが定義されています。評価対象とする試料を容器に入れて，次にその試料量の 10 倍に相当する溶媒（純水）を入れた後，6 時間の振とうを与えた後に溶媒に溶け出した化学物質の量を測定するものです。この方法は法律によって定められており，廃棄物であれば環境省告示第 18 号溶出試験 [1], 汚染土壌であれば環境庁告示第 46 号試験 [2] に該当します。スラグ等リサイクル材料では JIS K 0058-1[3] が推奨されています。

ただし，これらの試験の目的は対象試料の品質を調べることであり，溶出の現象論を解明しそれに応じて現場でどのように対策を講じるのかまでの知見を得ることはできません。現場では 6 時間以上のもっと長きにわたる環境安全性評価が求められますので，6 時間溶出量とは別に，長期にわたる溶出量の時間変化に関する知見が必要になります。

リサイクル製品からの化学物質の溶出メカニズムを捉える試験方法には，例えば廃棄物資源循環学会試験検査法部会の提案するシリアルバッチ溶出試験があります [4,5]。シリアルバッチ溶出試験とは繰り返し溶出試験であり，溶媒を新しい溶媒に交換するまでをワンバッチ（一回の溶出試験）としたときに，ワンバッチで得られる溶出量 (mol/kg/s) と累積溶出時間 (s) の関係を整理することで，溶出量の時間変化が分かります。

具体例で説明します。廃棄コンクリートの溶出特性を調べることを目的として，図 3.1 に示すようなサイズの異なる 2 種類のコンクリートを試験対象とします。粒径 2 mm 以下に調整したものと，有姿として 50 mm 角の成型体に調整したものです。これらに対して，JIS K 0058-1 を準用したシリアルバッチ溶出試験を行い，長期溶出特性を調べます。すなわち，プラスチック製容器（ハイベッセル容器）に試料を入れ，その投入試料の 10 倍質量の純水を入れます。その後，投入試料に触れないように，上澄み部分にプロペラを設置し 200 rpm（1 分間に 200 回転の速度）で撹拌を開始します(図 3.2)。

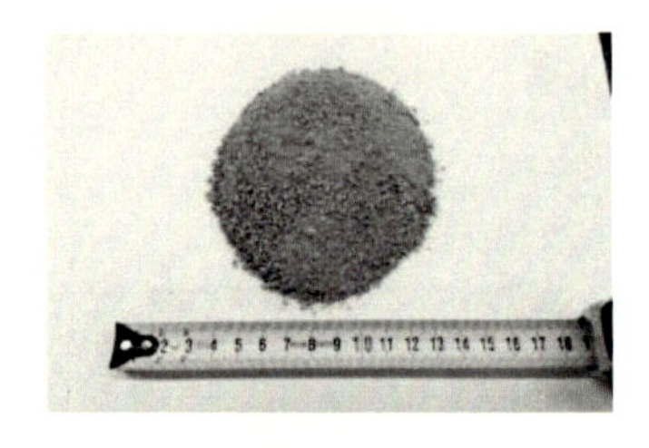

(a)粒径2 mm以下

(b)50 mm角成型体

図 3.1　溶出試験に用いた廃棄コンクリートの外観

(a)粒径2 mm以下

(b) 50 mm角成型体

図 3.2　溶出試験の様子

撹拌を開始してから 1 日後，2 日後，4 日後，8 日後，16 日後，32 日後のときに，容器内の液体を回収します。その後回収した相当量の新しい純水で入れ替えます。各回収時は，まず撹拌を止め(図 3.3(a))，シリンジ等を用いて液体を可能な限り全量回収し(図 3.3(b))，回収した液体はろ過して(図 3.3(c))分析用試料（検液）としてポリ容器内に保管します

(図 3.3(d))。最後に，回収した相当量の新しい純水を容器に入れて撹拌を再開します。

(a)撹拌を停止

(b)溶出液の回収

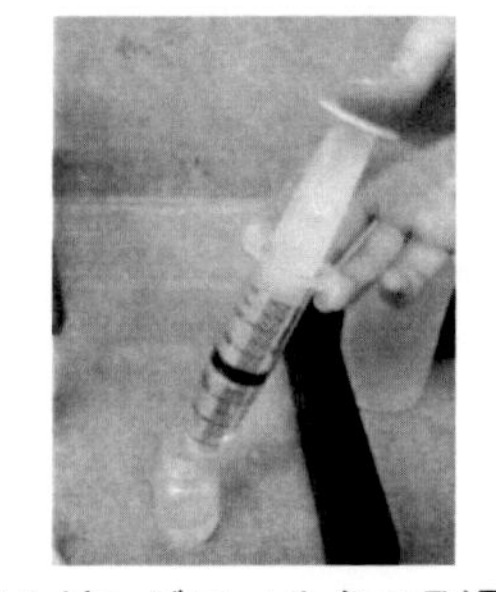

(c)シリンジフィルタでろ過

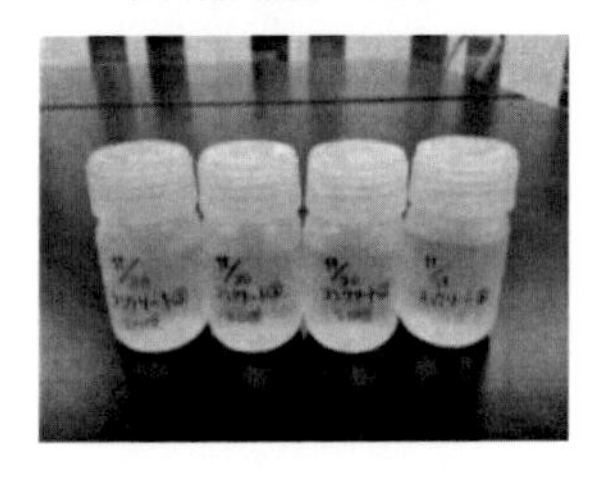

(d)水質分析用の検液

図 3.3　シリアルバッチ溶出試験の操作手順

このシリアルバッチ試験は長期溶出特性を調べるための加速試験とも言われており，容器内に入れた水は，試料からの溶出によって化学物質濃度が高くなるので試料内部との濃度差が小さくなり溶出速度が遅くなります。そこでこのシリアルバッチ溶出試験では，決められた時間に容器内の水を，化学物質を含まない新しい純水に交換します。これにより試料内部との濃度差を大きく維持することで溶出を促進させ，短時間で溶出特性を明らかにできる特長があります。なお，濃度分析には分析装置が必要な場合がありますが，pH や塩分の測定ではポータブル機器が使用でき，簡易分析であればパックテストも市販されているので，自身で濃度分析をすることもできます。また，分析装置をもつ専門機関に濃度測定を依頼する等の手段もあります。

話を戻します。得られた検液の化学分析を行います。化学分析の内容は，溶出特性を明らかにしたい化学物質の種類に依存しますが，この廃棄コンクリートの例では，コンクリートから溶出するアルカリ成分とカルシウムに着目するために，水酸化物イオンを測定するためのpH計と，カルシウムイオンを測定するためイオンクロマトグラフィを用いて濃度を定量します。その結果を表3.1のように整理し，図示したものを図3.4に示します。

表3.1　廃棄コンクリートのシリアルバッチ溶出試験結果

溶出試験時間	粒径2mm以下		50mm角成型体	
	pH	Ca (mg/L)	pH	Ca (mg/L)
1日後	12.563	758.1	11.571	27.04
2日後	12.980	599.9	11.524	11.74
4日後	12.719	429.7	11.313	9.74
8日後	12.360	325.0	9.970	14.57
16日後	12.081	180.6	9.577	7.72
32日後	12.169	135.0	8.921	20.44

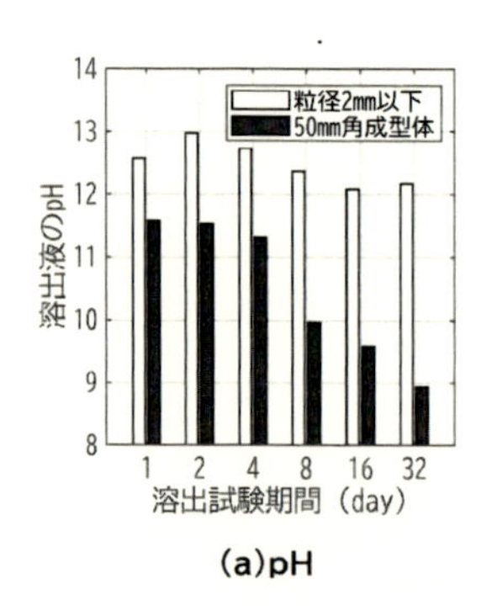

(a)pH

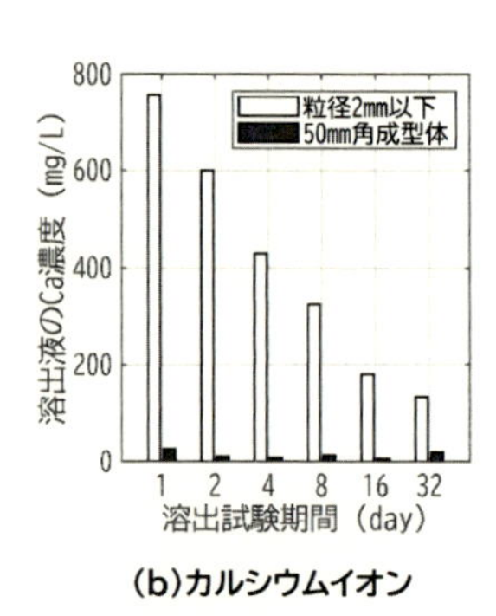

(b)カルシウムイオン

図3.4　溶出試験開始後から得た検液の濃度

次に各化学物質の溶出速度を求めます。溶出速度を「単位時間，単位質量当たりの化学物質の溶出量」と定義すると，

$$j_i = \frac{c_i - c_{i-1}}{t_i - t_{i-1}} \cdot \frac{V}{m} \tag{3.1}$$

と表されます。ここで，i：分画採水したときの番号，j_i：溶出速度 (mol/kg/s)，c_i：溶出液に含まれる化学物質濃度 (mol/m^3)，t_i：溶出試験時間 (s)，V：液量 (m^3)，m：試料質量 (kg) です。液量と試料質量の比は液固比と呼ばれるパラメータであり，シリアルバッチ溶出試験では試料質量の 10 倍に相当する水量で溶出させることから，V/m = 10 L/kg = 0.01 m^3/kg となります。例えば，表 3.1 に示す粒径 2 mm 以下のカルシウム濃度を用いて溶出速度を計算すると，次のようになります。

$$j_1 = \frac{(758.1 - 0)/40000}{1-0} \cdot 10 = 0.190\,\mathrm{mol/kg/d} \tag{3.2a}$$

$$j_2 = \frac{(599.9 - 0)/40000}{2-1} \cdot 10 = 0.145\,\mathrm{mol/kg/d} \tag{3.2b}$$

$$j_3 = \frac{(429.7 - 0)/40000}{4-2} \cdot 10 = 0.054\,\mathrm{mol/kg/d} \tag{3.2c}$$

$$j_4 = \frac{(325.0 - 0)/40000}{8-4} \cdot 10 = 0.020\,\mathrm{mol/kg/d} \tag{3.2d}$$

$$j_5 = \frac{(180.6 - 0)/40000}{16-8} \cdot 10 = 0.006\,\mathrm{mol/kg/d} \tag{3.2e}$$

$$j_6 = \frac{(135.0 - 0)/40000}{32-16} \cdot 10 = 0.002\,\mathrm{mol/kg/d} \tag{3.2f}$$

なお，ここではカルシウムの分子量は 40 g/mol，溶出液を置換する際に用いた新たな純水にはカルシウムは含まれていないものと仮定しています。同様に，水酸化物イオン濃度の場合では，pH と水のイオン積から計算できるので

$$j_1 = \frac{10^{-14}\left(10^{12.563} - 10^{7}\right)}{1-0} \cdot 10 = 0.366\,\mathrm{mol/kg/d} \tag{3.3a}$$

$$j_2 = \frac{10^{-14}\left(10^{12.980} - 10^{7}\right)}{2-1} \cdot 10 = 0.955\,\mathrm{mol/kg/d} \tag{3.3b}$$

$$j_3 = \frac{10^{-14}\left(10^{12.719} - 10^{7}\right)}{4-2} \cdot 10 = 0.262\,\mathrm{mol/kg/d} \tag{3.3c}$$

$$j_4 = \frac{10^{-14}\left(10^{12.360} - 10^{7}\right)}{8-4} \cdot 10 = 0.057\,\mathrm{mol/kg/d} \tag{3.3d}$$

$$j_5 = \frac{10^{-14}\left(10^{12.081} - 10^{7}\right)}{16 - 8} \cdot 10 = 0.015\,\mathrm{mol/kg/d} \tag{3.3e}$$

$$j_6 = \frac{10^{-14}\left(10^{12.169} - 10^{7}\right)}{32 - 16} \cdot 10 = 0.009\,\mathrm{mol/kg/d} \tag{3.3f}$$

となります。

次にこれらの溶出速度が溶出試験時間のどこにプロットするのかを考えます。ここで，式 (3.2) と式 (3.3) から求めた値は，ある溶出試験期間中の溶出総量を単位時間当たりで均したものです。これを平均溶出速度と呼ぶと，当該期間開始時の溶出速度は平均溶出速度よりも速く，当該期間終了時の溶出速度は平均溶出速度よりも遅くなることが推察されます。次に，求めた平均溶出速度がどの溶出時間に対応してプロットするべきなのかを考えます。ここでは「溶出が固体内拡散によって引き起こされる場合，その溶出速度は経過時間のマイナス 0.5 乗に比例する」という理論則を準用します。このとき平均溶出速度となる溶出時間は，次式によって求めることができます。

$$\overline{t_i} = \left(\frac{\sqrt{t_i} + \sqrt{t_{i-1}}}{2}\right)^2 \tag{3.4}$$

ここで，$\overline{t_i}$：分画 i 番目の平均溶出速度を与える平均溶出時間 (s) を表します。具体的に計算すると，

$$\overline{t_1} = \left(\frac{\sqrt{1} + \sqrt{0}}{2}\right)^2 = 1\mathrm{d} \tag{3.5a}$$

$$\overline{t_2} = \left(\frac{\sqrt{2} + \sqrt{1}}{2}\right)^2 = 1.457\mathrm{d} \tag{3.5b}$$

$$\overline{t_3} = \left(\frac{\sqrt{4} + \sqrt{2}}{2}\right)^2 = 2.914\mathrm{d} \tag{3.5c}$$

$$\overline{t_4} = \left(\frac{\sqrt{8} + \sqrt{4}}{2}\right)^2 = 5.828\mathrm{d} \tag{3.5d}$$

$$\overline{t_5} = \left(\frac{\sqrt{16} + \sqrt{8}}{2}\right)^2 = 11.66\mathrm{d} \tag{3.5e}$$

$$\overline{t_6} = \left(\frac{\sqrt{32} + \sqrt{16}}{2}\right)^2 = 23.31\text{d} \tag{3.5f}$$

となります。表 3.1 から平均溶出速度と化学物質の溶出速度の関係を導いた結果を表 3.2 と図 3.5 に示します。

表 3.2　廃棄コンクリートの平均溶出時間と溶出速度の関係

平均溶出時間 (day)	粒径 2 mm 以下		50 mm 角成型体	
	OH (mol/kg/d)	Ca (mol/kg/d)	OH (mol/kg/d)	Ca (mol/kg/d)
0.250	0.366	0.190	3.72×10^{-2}	6.76×10^{-3}
1.457	0.955	0.150	3.34×10^{-2}	2.94×10^{-3}
2.914	0.262	0.054	1.03×10^{-2}	1.22×10^{-3}
5.828	0.057	0.020	2.33×10^{-4}	9.11×10^{-4}
11.657	0.015	0.006	4.71×10^{-5}	2.41×10^{-4}
23.314	0.009	0.002	5.15×10^{-6}	3.19×10^{-4}

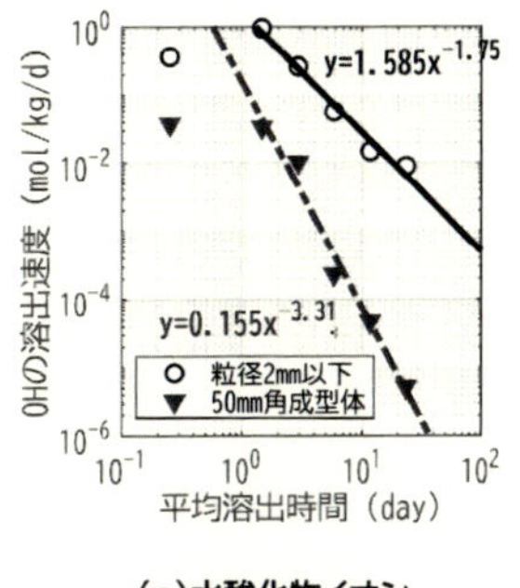

(a)水酸化物イオン

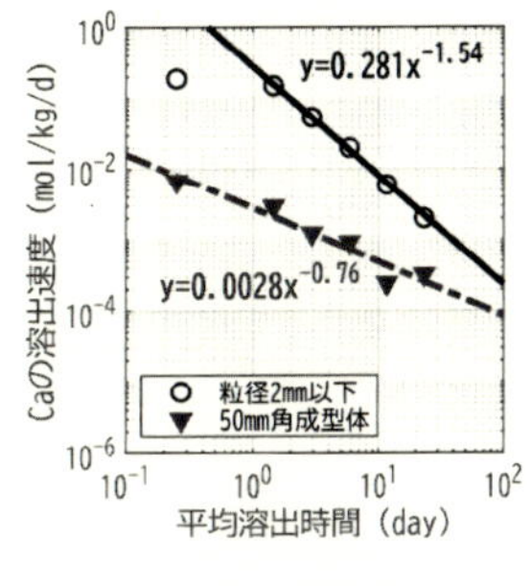

(b)カルシウムイオン

図 3.5　シリアルバッチ溶出試験から求めた溶出速度式

3.1.3　実験で得た溶出速度を数式で表す

一般に，再生製品から溶出する化学物質の量は時間とともに少なくなります。その溶出量と経過時間の関係は図 3.5 に示したとおりであり，単位質量の再生製品からの化学物質の溶出量 j (mol/kg/s) は次のような累乗関数で表現できることが知られています [5]。

$$j = Kt_{\text{cum}}^{-a} \tag{3.6}$$

ここで，t_{cum}：累積溶出時間 (s)，K：化学物質の初期溶出量に相当するパラメータ，a：溶出メカニズムを表すパラメータです。シリアルバッチ溶出試験結果から得られる溶出量 j と累積溶出時間 t_{cum} の関係を両対数軸上にプロットし，線形回帰式に当てはめたときの切片と傾きから溶出パラメータ K と a を求めることができます。

3.1.4　溶出を表すパラメータの一例

溶出パラメータを表 3.3 に整理し，図化したものを図 3.6 に示します。

図 3.6 は各試料からの水酸化物イオン (OH) またはカルシウムイオン (Ca) が溶け出す速度をグラフ化したものです。試料には粒径の異なる廃棄コンクリート，スラグ，実際の埋立地で採取した廃棄物を用いています。水酸化物イオンが溶け出ると周辺環境の pH は高くなり，構造物の劣化や鋼材の腐食，植生の枯死，水環境や土壌環境が変化し生態系に悪影響を与える場合があります。

表 3.3　過去に実験等で取得したアルカリ溶出に係るパラメータの例

試料の種類	化学物質	K	a	出典
廃棄コンクリート（実際の構造物の解体現場から採取したもの）				
2 mm 以下	OH	1.585	− 1.75	[6]
5 mm 以下	OH	0.012	− 1.04	
50 mm	OH	0.155	− 3.31	[6]
2 mm 以下	Ca	0.281	− 1.54	
5 mm 以下	Ca	0.009	− 0.92	[6]
50 mm	Ca	0.003	− 0.76	[6]
製鋼スラグ				
5 mm 以下	OH	0.042	− 1.30	
5 mm 以下	Ca	0.025	− 1.18	
製鋼スラグ（エージング処理あり）				
5 mm 以下	OH	0.021	− 0.92	
5 mm 以下	Ca	0.013	− 0.92	
埋立廃棄物 （焼却灰 50 %，煤塵 20 %，汚泥 20 %，鉱さい 10 % 混合物）				
5 mm 以下	OH	1.18×10^{-5}	− 0.60	[7]
5 mm 以下	Ca	0.017	− 1.16	[7]

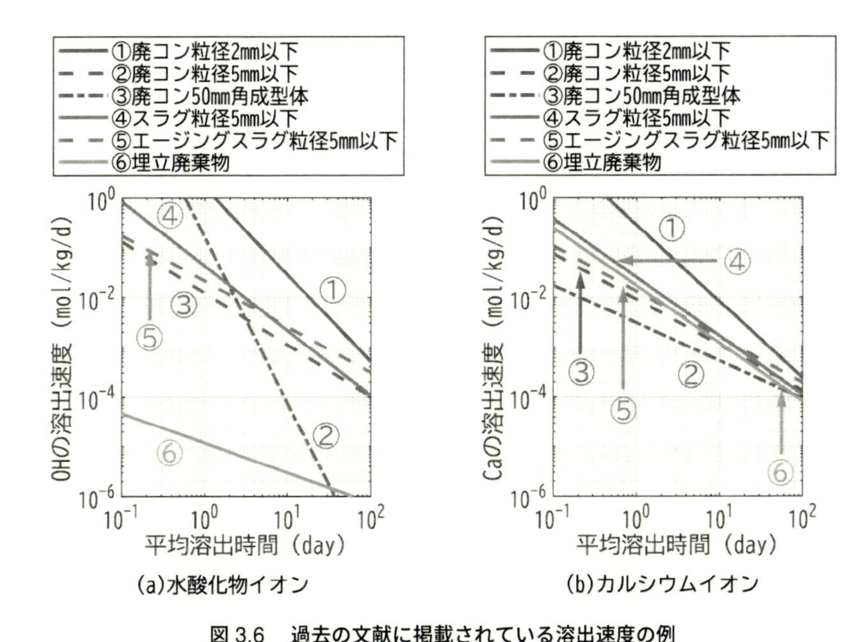

図 3.6　過去の文献に掲載されている溶出速度の例

図 3.6 より，廃棄物の種類によって水酸化物イオンの溶出速度が大きく異なることが分かります。例えば，廃棄コンクリートからの溶出は粒径が小さいほど顕著になっています。これは粒径が小さいほど水に接触する面積が大きくなり，溶ける量が増えるためです。溶出速度と粒径の関係は，ちょうど私たちが異なる大きさの飴玉を食べるときと似ています。大きな飴玉を口に入れて舐めていても飴玉がすぐになくなることはありませんが，飴玉を歯で砕いてから舐めていると味が濃くなり，また砕いた飴玉はすぐに溶けてしまうでしょう。これと同じことです。

スラグは鉱石から金属を取り出す過程で生成される副産物ですが，その過程で石灰石などのアルカリ性物質が添加されます。それがスラグに残るため，水に触れたとき水酸化物イオンが溶け出てきます。産業廃棄物のひとつであるスラグの発生量は年間３千万トン近くにも及ぶため（参考までに，私たちの日常から出ている一般廃棄物は年間４千万トンです），その資源循環（有効利用）が懸命に進められていますが，アルカリ水の溶出があるため用途が限定されているのが現状です。図 3.6 で示しているエージングスラグの「エージング」とは，詳しくは述べませんが，スラグ中に残っている未反応の石灰を水や蒸気を与えることで反応を進めてしまうことで，この処理を施したスラグは水酸化物イオンの溶出が抑制されると考えられています。実際に溶出速度を見ると，スラグに比べて，エージングしたスラグは初期段階では水酸化物イオンの溶出速度を抑制できていることが分かります。

一方，カルシウムイオンは物質自体が悪い影響を及ぼすわけではありませんが，過剰な量が環境中に放出すると白い析出物となって景観上に変化が現れることもあります。水酸化物イオンとの違いは，いずれの試料においても溶出量が大きいという点です。コンクリートもスラグも，その生成過程のなかで石灰を使用しています。また埋立廃棄物では，その素性は正確には分かりませんが，焼却灰であれば廃棄物を高温で焼却する際に発生する酸性ガスを中和するために石灰が用いられます。いずれも石灰というカルシウム源があるため，これらの試料からは多量のカルシウムが溶け出るものと考えられます。

3.2　化学物質が土に吸着する現象

この節では，水中の化学物質が固体の表面に吸着する現象について説明します。水に溶けた化学物質が，例えば廃棄物や土粒子などの固体に触れると，その固体の表面にくっつくことがあります。このとき，化学物質は水から固体の表面へ移動し，この過程を「吸着」と呼びます。この吸着により，化学物質は水と固体の表面との間で一定の割合で分布します。この割合を「分配係数」と呼び，この値が高いほど固体への吸着が強いことを示します。しかし，分配係数が有限であるため，吸着だけで水中の化学物質を完全に取り除くことはできません。また，固体表面に吸着した化学物質を取り除く（脱着）量もこの比率によって限られ，それをゼロにすることはできません。このように，吸着現象は，与えられた化学物質の量に対して水中に存在する量と固体表面に吸着する量がある一定の比率に落ち着くように進みます。

3.2.1 吸着

土の吸着現象とは，土粒子が水分や栄養素等，さまざまな化学物質を表面に引き付けて保持する能力のことを指します。これは，土壌の健康や肥沃さを維持するのに非常に重要な役割を果たしており，農業分野で古くから研究されてきました。

そのメカニズムを説明します。土粒子は非常に小さく，多くの表面積を持っています。この表面には水分や栄養素などを引き付ける電荷が存在します。負の電荷を持つ部位や正の電荷を持つ部位があり，各部位が帯電している電荷とは逆の電荷を持つ化学物質を引き付けることができます。例えば水酸化カルシウム ($Ca(OH)_2$) の場合だと，水中ではカルシウムイオン (Ca^{2+}) と水酸化物イオン (OH^-) で分かれて存在するため，正の電荷をもつカルシウムイオンは土粒子表面上の負に帯電した部位に吸着し，一方水酸化物イオンは土粒子表面上の正に帯電した部位に吸着します。したがって土に吸着することができれば，化学物質の移動は遅延されるので，化学物質の拡散防止という観点では吸着は環境安全性上優位に働きます。

以上のように，吸着メカニズムのひとつとして土粒子表面の電荷に依存していると考えると，土が化学物質をどの程度吸着できるかは，土の電荷状態に左右され，すなわち土の種類によって変わってくることが分かります。そのため，自分たちが着目する土に対して，個別に吸着特性を調べる必要があります。

3.2.2 吸着能力を調べるための実験方法

環境が土粒子と水，または空気から構成されるとき，環境中に存在する化学物質は，土に吸着する分と，水や空気中の残存したまま吸着しない分に分かれます。このときの比率を分配係数と呼び，式 (3.7) で表されます。

$$K_d = \frac{S}{c} \tag{3.7}$$

ここで，K_d：分配係数 (m^3/kg)，S：土への吸着量 (mol/kg)，c：周辺の環境媒体（水または空気）に残存する量 (mol/m^3) を表します。つまり分配係数が大きいほど，土への吸着性は高いことを意味します。

分配係数を求める土の吸着試験は，土中における化学物質の挙動を理解し，将来予測を行い環境安全性を評価する上で重要です。この試験では，まず試料の準備が行われます。試験対象となる土を選定し，試験目的に応じて適切な風乾や粒度調整等を行い，均質な状態にします。次に，評価対象とする吸着質を含む既知濃度の供与液を作製します。供与液は通常，純水に所定量の試薬を溶かすことで作成しますが，海域や廃棄物埋立地等のように夾雑物を多く含む環境下での吸着性を調べる場合には，純水ではなく，海水や廃棄物浸出水を用いることもあります。

土と供与液を混合し，撹拌することで化学物質を含む水のなかで土が均一に分散されるようにします。一定時間経過後撹拌を停止し，容器内にある土と供与液が混ざった液体を取り出した後，ろ過して，ろ液中に含まれる対象化学物質の濃度を分析します。この操作によって吸着試験終了時の液体中に含まれる化学物質の濃度が求まります。吸着試験後の濃度を，吸着試験前の初期濃度から減ずることで，その差分が土への吸着量となります。すなわち，吸着量は

$$S = (c_0 - c) \cdot \frac{V}{m} \tag{3.8}$$

で求められます。ここで，c_0：吸着試験前の供与液の濃度 (mol/m^3)，V：吸着試験に用いた供与液の水量 (m^3)，m：使用した土の質量 (kg) です。なお濃度 c は式 (3.7) に用いているパラメータと同じ意味ですが，吸着試験後の供与液の濃度として平衡濃度と呼ばれることもあります。

最後に，計算された吸着量 S と吸着試験後の供与液の濃度 c を用いて，式 (3.7) に基づき分配係数を計算します。図 3.7 は吸着試験のフローを示しており，通常分配係数は供与液の濃度を数水準変化させて評価します。吸着試験から得られた吸着量 S と吸着試験後の液体濃度 c の関係をプロットすると，図 3.7(c) のように両者の関係が一直線ではなく，途中から曲線になる場合があります。分配係数はこのグラフの傾きに相当しますが，曲線であるとその傾き（分配係数）は液体濃度 c によって依存することを表していますので，分配係数の濃度依存性を調べるためも複数水準の供与液濃度を用いて吸着試験を行わなければなりません。図 3.8 には吸着

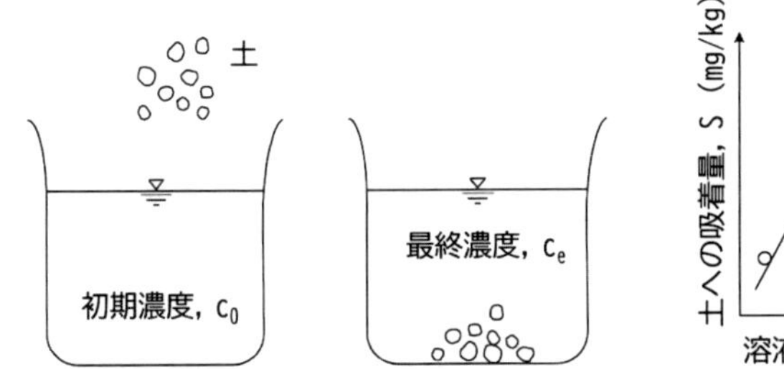

(a) 化学物質の濃度c_0の溶液を所定量の土と混合する。

(b) 化学物質が吸着する分だけ液体濃度は低下する。その減少量から吸着量を計算する。

(c) (a)-(b)の実験を溶液濃度を変えて行い、吸着等温線を求め、分配係数K_dを求める。

	①	②	③	④	⑤	⑥=⑤/④
	土の質量 (g)	溶液量 (mL)	初期濃度 (mg/L)	最終濃度 (mg/L)	吸着量 (mg/kg)	分配比 (mL/g)
1	20	200	3.2	0.15	30.5	203
2	20	200	6.4	0.30	61	203
3	20	200	12.8	0.60	122	203
分配係数 (mL/g)						203

図 3.7　吸着試験の手順

試験の作業風景や使用機器を示しています。

以上のように，分配係数を調べることで，土と水（または空気）の間での化学物質の挙動や移動性を評価します。高い分配係数は土に対する吸着が強いことを示し，化学物質が土に滞留しやすいことを示唆します。このように，土の吸着試験を通じて，環境中の化学物質の挙動を理解し，適切な環境管理と安全性評価に役立てることができます。

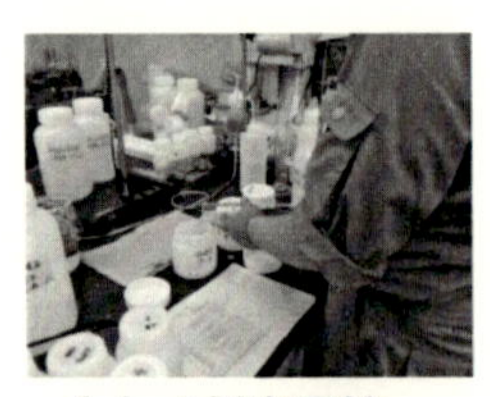

(a) 試料調整

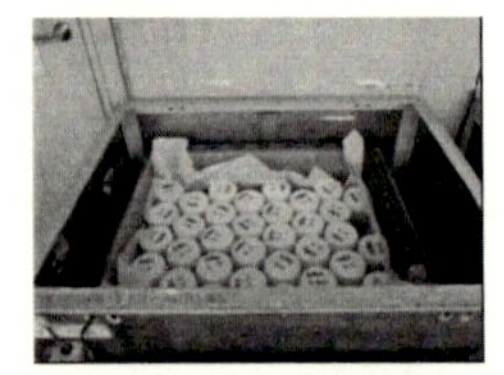

(b) 120rpm水平振とう

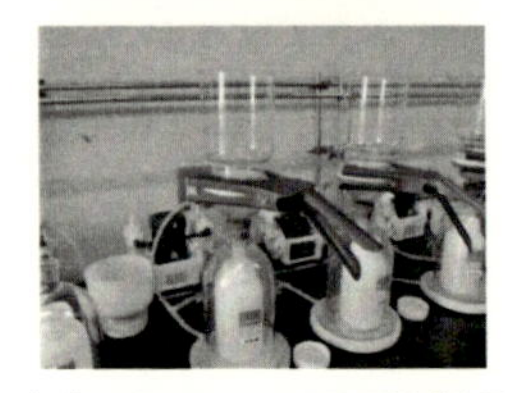

(c) 0.45 um吸引濾過

(d) 濃度測定（原子吸光等）

吸着量 (mg/kg) = [初期濃度 (mg/L) − 平衡濃度 (mg/L)] x 液固比 (L/kg)

(e) 吸着量の計算

図 3.8　吸着試験の様子

3.2.3　実験で得た吸着量を数式で表す

図 3.7(c) のような吸着量 S と吸着試験後の液体濃度 c の関係を吸着等温線と呼びます。吸着等温線の形状は，土の種類や，吸着質の種類，吸着質が存在する媒体（水または空気），濃度範囲によってさまざまな形状となることが知られています。ここでは，水中に存在する化学物質に対する吸着等温線として，最も基本的な線形吸着モデルとラングミュア吸着モデルを紹介します。

線形吸着モデル

線形吸着モデルとは，吸着量 S と液体濃度 c の関係が

$$S = K_d c \tag{3.9}$$

となる線形式で表現するものです。土の吸着性を表すパラメータが分配係数 K_d の 1 つで表現でき，線形式の特長として物質輸送解析に組み込んだ

ときに計算負荷が少なく収束性が高いことから，実務上利便性が高いため幅広く用いられている吸着モデルです。

ラングミュア吸着モデル

ラングミュア吸着モデルは，吸着量 S と液体濃度 c の関係が図 3.7(c) のような非線形であり，高い濃度域では吸着量が頭打ちになることを表現したモデルです。その関係式は

$$S = \frac{KS_{\max}c}{1 + Kc} \tag{3.10}$$

で表現され，ここで，K：吸着エネルギー（吸着の強さ）を表すパラメータ (m^3/mol)，$S_{\max}$：最大吸着量 (mol/kg) です。

少し脱線しますが，本書で扱う土によるアルカリ緩衝作用は，その一部機構をこのラングミュア吸着モデルで説明できます。アルカリ水に対する土の緩衝反応は，次のように表せます。

$$\mathrm{Soil - H + Ca(OH)_2 = Soil - Ca + H_2O} \tag{3.11}$$

この化学反応式では，土の表面に存在する官能基がアルカリ成分と接触することで官能基と陽イオンが交換され，アルカリ成分が消失することを示しています。

この緩衝反応において，土の緩衝部位となる Soil - H と Soil - Ca を合わせた値が最大緩衝量（最大吸着量 β）になるため次式が成立します。

$$S_{\mathrm{Soil - H}} + S_{\mathrm{Soil - Ca}} = S_{\max} \tag{3.12}$$

また式 (3.11) の平衡定数を K (m^3/mol) とすれば

$$\frac{c_{\mathrm{Soil - Ca}}}{c_{\mathrm{Soil - H}} \cdot c_{\mathrm{Ca(OH)_2}}} = K \tag{3.13}$$

となります。ここで単位質量当たりの化学物質量である $S_{\mathrm{Soil - H}}$ と $S_{\mathrm{Soil - Ca}}$ は，単位体積当たりの化学物質量である $c_{\mathrm{Soil - H}}$ と $c_{\mathrm{Soil - Ca}}$ に対してそれぞれ同じ比例定数 k を乗じたパラメータと解釈できますので

$$S_{\mathrm{Soil - H}} = k \cdot c_{\mathrm{Soil - H}} \tag{3.14}$$

$$S_{\mathrm{Soil-Ca}} = k \cdot c_{\mathrm{Soil-Ca}} \tag{3.15}$$

となり，式 (3.12)〜式 (3.15) までを連立方程式からアルカリ緩衝量 $S_{\mathrm{Soil-Ca}}$ について解くと

$$S_{\mathrm{Soil-Ca}} = \frac{KS_{\max}c_{\mathrm{Ca(OH)_2}}}{1 + Kc_{\mathrm{Ca(OH)_2}}} \tag{3.16}$$

となり，式 (3.10) にあるラングミュア式に帰着します。そのため，土のアルカリ緩衝反応を土の官能基に係る平衡反応として見なしたとき，ラングミュア式によってモデル化するのは妥当であると考えられます。

3.2.4　吸着を表すパラメータの一例

アルカリ緩衝作用に係る吸着パラメータを表 3.4 に整理し，図化したものを図 3.9 に示します。

表 3.4　過去の文献に掲載されているアルカリ緩衝パラメータの例

試料の種類	化学物質	K (m^3/mol)	$S_{\max}$ (mol/kg)	出典
砂質土	OH	4.168	0.13	[8]
まさ土	OH	0.642	0.15	[8]
シルト	OH	1.622	0.28	[8]
黒ぼく土	OH	1.987	1.18	[8]
有機質土	OH	13.06	0.22	[8]

図 3.9 は，表 3.4 に示すパラメータを用いて，式 (3.10) に従いアルカリ水の濃度と吸着量の関係を求めたものです。横軸は吸着試験終了時におけるアルカリ水の濃度を pH 計によって求めた水酸化物イオン濃度 (mol/L) です。縦軸はアルカリ水と土を接触させることで土に吸着できる水酸化物イオンの量 (mol/kg) です。図中には 5 種類の土試料についてプロットされています。図 3.9 から，イオン濃度とイオンの吸着量の関係は土の種類によって異なることが分かります。一般に，土に接触するアルカリ水の水酸化物イオンの濃度が高いほど（pH が高く，アルカリ性が強いほど)，土に吸着できる水酸化物イオンの量も大きくなる傾向があり

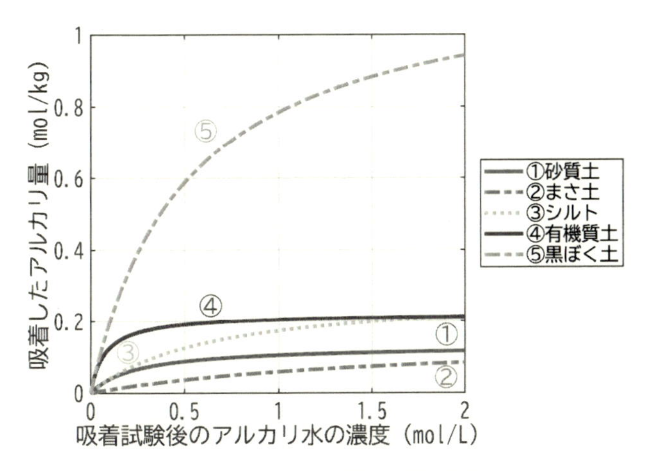

図 3.9　土に対するアルカリ成分の吸着特性を調べた例

ます。

しかし，図からは吸着できる量には限界があることも分かります。限界は土の種類によって異なり，砂質系の土の最大吸着量は小さいですが，粘土系の土では最大吸着量が大きくなります。特に，黒ぼく土は著しく大きい吸着量をもっていますので，アルカリ性の液体が放出される恐れがある場合にはこうした土を敷設することで環境中での拡散を防止することができます。アルカリに対して優れた吸着性を持つ土には黒ぼく土の他にも，関東ローム土などがあります [9-11]。より多くの土に対して評価がなされていますので，参考にしてみてください。

3.2.5　移流分散吸着方程式

多孔質媒体内の化学物質の輸送を表す基礎方程式は，移流分散方程式と呼ばれるものでした。ここからモデルを拡張して，化学物質は輸送中に吸脱着現象を伴うことを考慮すると

$$\theta \frac{\partial c}{\partial t} = \nabla \cdot \left(\theta D_{ij} \nabla c \right) - u \nabla c - \rho_d \frac{\partial S}{\partial t} \tag{3.17}$$

となります [12]。ρ_d：多孔質媒体の乾燥密度 (kg/m^3)，S：吸着量 (mol/kg) を表します。式 (3.17) は移流分散方程式（式 (2.48) を参照）

の右辺第三項に吸脱着の影響を加えたものです。吸脱着を考慮していない移流分散方程式と比較すると，吸脱着の影響はマイナスとして組み込まれていることが分かります。プラスとして入れるのかマイナスとして入れるのかが迷うところです。式 (3.17) ではマイナスとして入れられていますが，これはなぜか説明します。

式 (3.17) の右辺第一項の分散現象，右辺第二項の移流現象をゼロと仮定すると，左辺にある間隙水中の化学物質濃度の変化は右辺第三項によって与えられることになります。間隙水中の化学物質は吸着が起こることで，その一部分が間隙水から固相に移行するので，間隙水中の濃度は減る方向に動かなければなりません。これを表現するために，右辺第三項はマイナスとして式に組み込まれています。

さて，式 (3.17) に含まれる未知数には，濃度 c と吸着量 S の 2 つがあります。方程式 1 つではそれぞれの未知数を求めることができませんので，濃度 c と吸着量 S に関して新たな制約条件を設定する必要があります。それが吸着試験で得られる吸着等温線になります。代表的な吸着等温線として，線形吸着モデル，フロインドリッヒモデル，ラングミュアモデルがあり，それぞれ

$$S = K_d c \tag{3.18}$$

$$S = Kc^N \tag{3.19}$$

$$S = \frac{KS_{\max}c}{1 + Kc} \tag{3.20}$$

として表現されます。ここでフロインドリッヒモデルに含まれるパラメータ K と N は実験定数です。$N = 1$ のとき線形吸着モデルとなります。各モデルが表現する吸着等温線の形は図 3.10 のとおりです。フロインドリッヒモデルの特徴は，$N < 1$ のとき濃度の増加とともに徐々に吸着量の変化が少なくなることです。$N > 1$ のときは濃度の増加に対して吸着量の変化が顕著になり放物線のような形状を描きますが，濃度に対して累乗的に吸着量が増加するので，実際に $N > 1$ となるような吸着等温線は少ないと考えられます。一方ラングミュアモデルは，吸着量に上限を表現したものであり，その上限値が最大吸着量 $S_{\max}$ で設定できます。

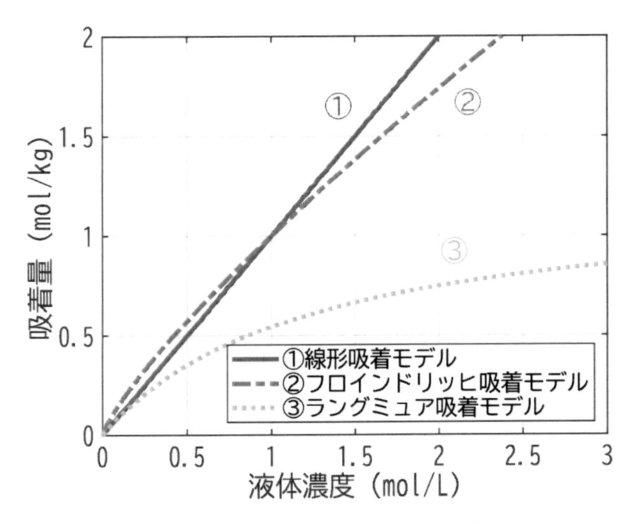

図 3.10　吸着等温線の代表的なモデル

さて，吸着等温線の傾きが吸着性を表すパラメータですので，式 (3.18) ～式 (3.20) のモデルを濃度 c で微分します。すると

$$\frac{\partial S}{\partial c} = K_d \tag{3.21}$$

$$\frac{\partial S}{\partial c} = KNc^{N-1} \tag{3.22}$$

$$\frac{\partial S}{\partial c} = \frac{KS_{\mathrm{max}}}{(1+Kc)^2} \tag{3.23}$$

と表すことができます。

ここで基礎方程式である式 (3.17) に戻り，右辺第三項の吸着項を

$$\theta\frac{\partial c}{\partial t} = \nabla\cdot\left(\theta D_{ij}\nabla c\right) - u\nabla c - \rho_d\frac{\partial S}{\partial c}\frac{\partial c}{\partial t} \tag{3.24}$$

のように書き換えることができるので

$$\left(\theta + \rho_d\frac{\partial S}{\partial c}\right)\frac{\partial c}{\partial t} = \nabla\cdot\left(\theta D_{ij}\nabla c\right) - u\nabla c \tag{3.25}$$

となります。ここに式 (3.21)～式 (3.23) を代入すると，吸着を考慮した移流分散方程式が次のように導かれます。

・線形吸着モデルを用いた移流分散方程式

$$\left(\theta + \rho_d K_d\right) \frac{\partial c}{\partial t} = \nabla \cdot \left(\theta D_{ij} \nabla c\right) - u \nabla c \tag{3.26}$$

・フロインドリッヒモデルを用いた移流分散方程式

$$\left(\theta + \rho_d K N c^{N-1}\right) \frac{\partial c}{\partial t} = \nabla \cdot \left(\theta D_{ij} \nabla c\right) - u \nabla c \tag{3.27}$$

・ラングミュアモデルを用いた移流分散方程式

$$\left(\theta + \rho_d \frac{K S_{\max}}{(1 + Kc)^2}\right) \frac{\partial c}{\partial t} = \nabla \cdot \left(\theta D_{ij} \nabla c\right) - u \nabla c \tag{3.28}$$

余談になりますが，非線形吸着モデルの特徴として，式 (3.22) または式 (3.23) で $c \to 0$ を考えてみましょう。式 (3.22) で表されるフロインドリッヒモデルでは $\partial S/\partial c \to \infty$ となりますが，式 (3.23) のラングミュアモデルでは $\partial S/\partial c \to K S_{\max}$ となり有限の値に収束します。移流分散方程式を用いて汚染された多孔質媒体を清浄な水で洗い流すといったシミュレーションはよく見られますが，このときフロンドリッヒモデルを用いると，濃度が低くなるにつれて $\partial S/\partial c \to \infty$ となるので計算は発散します。

3.2.6　吸着を考慮したトラベルタイム

前章の 2.3.1 項では遮水壁のトラベルタイムの計算事例を紹介しました。水の流れとしてのトラベルタイムを求めましたが，本項では化学物質が遮水壁を通過するのに必要なトラベルタイムはいくらになるのかを考えてみます。

まず吸着を考慮した移流分散方程式である式 (3.26)～式 (3.28) を遅延係数 R というパラメータを導入して次のように式を整理します。

$$\theta R_\alpha \frac{\partial c}{\partial t} = \nabla \cdot \left(\theta D_{ij} \nabla c\right) - u \nabla c \tag{3.29}$$

ここで

$$R_\alpha = \begin{cases} 1 + \frac{\rho_d K_d}{\theta} & \alpha = \text{Liner} \\ 1 + \frac{\rho_d K N c^{N-1}}{\theta} & \alpha = \text{Freundlich} \\ 1 + \frac{\rho_d}{\theta} \frac{K S_{\max}}{(1+Kc)^2} & \alpha = \text{Langmuir} \end{cases} \tag{3.30}$$

となります。使用する吸着等温線のモデルによって遅延係数 R の表現方法は変わりますが，移流分散方程式の形としては式 (3.29) のようにまとめることができます。また，式 (3.30) を見ると遅延係数 R は 1 以上の数字であり，吸着性がない場合で $R = 1$ となることから，吸着性が顕著になるにつれて R は大きくなるパラメータであることが分かります。

さて，式 (3.29) を次のように変形します。

$$\theta \frac{\partial c}{\partial t} = \nabla \cdot \left[\theta \left(\frac{D_{ij}}{R_\alpha} \right) \nabla c \right] - \left(\frac{u}{R_\alpha} \right) \nabla c \tag{3.31}$$

すると，吸着がない場合の $R = 1$ では式 (2.48) と全く同じになることが分かります。吸着があるときの $R > 1$ では，物質移動の大きさを表す分散係数と流速がともに $1/R$ 倍になっていると解釈でき，吸着があるだけ物質移動パラメータの値が見かけ上小さくなっていることが分かります。このことから遅延係数 R は,「吸着のない場合と比べて，吸着がある化学物質の輸送は何倍遅れるのか」を表していることになります。

前章の 2.3.1 項では，遮水壁のトラベルタイムは水の流れに対して 2.85 年と算出することができました。水の流れから求めたトラベルタイムは吸着しない化学物質のトラベルタイムと同じ意味ですので，もし化学物質に吸着性があった場合のトラベルタイムは 2.85 年を R 倍した値となります。

例えば，化学物質の吸着性を調べるために図 3.7 のような吸着試験を行い分配係数として $K_d = 203\text{mL/g}$ を得たとすると，図 2.20 のような遮水壁における遅延係数は

$$R = 1 + \frac{\rho_d K_d}{\theta} = 1 + \frac{1500\,(\text{kg/m}^3) \cdot 203\,(\text{mL/g})}{0.3} = 1{,}016 \tag{3.32}$$

となります。したがって，吸着を考慮した場合の化学物質のトラベルタイムは 2.85 年 × 1,016 = 2,896 年となります。

また，前章の 2.3.2 項では最終処分場の底部遮水工のトラベルタイムを 71.7 年と算出していますが，これは水の流れに基づいて算出したものです。環境安全性の評価対象は化学物質ですので，化学物質に吸着性が期待できる場合 71.7 年よりも長いトラベルタイムとなるでしょう。水は漏れるかもしれませんが，吸着性のある化学物質は漏れないといった環境安全

性の示し方も考えられます。

3.3　化学反応による物質間での相互作用

水中にさまざまな化学物質が存在すると，これらの物質は互いに作用し合います。この相互作用によって，ある物質の濃度が他の物質の濃度に影響を与えることがあります。これは化学反応としてよく知られている現象で，物質が輸送する過程で考慮しなければならないこともあります。

本書では，特に廃棄物の処理に焦点を当てています。廃棄物には，塩などのように無害であるものの多くの化学物質が含まれていることがあります。これらの物質同士が化学反応を起こし，塩が析出すると，環境の見た目に変化が生じることがあります。したがって，これらの変化を評価し予見するためには，化学反応に関する理論の理解が必要になります。

3.3.1　化学形態を計算するための方法

化学の世界では，物質の濃度や状態を計算する方法があります。これを「化学平衡計算」と言います。環境の中で化学物質がどのように相互作用しているのかを表す式を「化学反応式」と呼びます。そして，その反応が落ち着いて変化しなくなった状態，つまり一番安定した状態のことを「化学平衡」と呼びます。このときの化学物質の濃度は変わらず，一定の比率で存在しています。この比率を示す数値が「平衡定数」です。

本節では海水を扱い，海水の化学的な状態をどのように計算するのか，その方法をお話しします。地下水や海水の中には，たくさんのイオンが含まれています。例えば，表 3.5 は海水にどのような成分が含まれているかを示していますが [13], 表にはイオンの総量は書かれていても，それぞれのイオンが水中でどのように影響し合って，どんな形で存在しているかは書かれていません。それを知るには,「化学平衡計算」が必要です。実際に海水のどのような成分がどれだけ含まれているかを分析するには，次の 3 つの要件を満たす必要があります。

(1) 物質収支式：ある元素がどのような化学形態をとったとしても元素量

表 3.5　地下水と海水中の主要イオン

	単位	海水	地下水（参考）
pH	-----	8.53	6.70
Na^{+}	mol/L	4.85×10^{-1}	1.61×10^{-3}
Ca^{2+}	mol/L	1.06×10^{-2}	1.62×10^{-4}
Mg^{2+}	mol/L	5.45×10^{-2}	4.53×10^{-5}
K^{+}	mol/L	1.06×10^{-2}	7.68×10^{-5}
Si^{4+}	mol/L	4.82×10^{-5}	1.72×10^{-3}
Cl^{-}	mol/L	5.65×10^{-1}	4.80×10^{-4}
CO_3^{2-}	mol/L	4.65×10^{-4}	1.28×10^{-3}
SO_4^{2-}	mol/L	9.67×10^{-3}	1.56×10^{-4}

としては一定であることを表します。

(2) 電荷均衡式：化学物質の電荷がバランスをとっているかを確認するものです。

(3) 化学平衡式：化学物質同士が相互作用を受けながらも環境中では安定した状態では一定の比率で存在することを表します。

これらの条件を数式で表現することで，海水や地下水の中の成分を計算できるようになります。

3.3.2　化学平衡計算

(1) 物質収支式

水中に含まれるイオン種が表 3.5 に挙げる 8 種類 (Na^+，Ca^{2+}，Mg^{2+}，K^+，Si^{4+}，Cl^-，CO_3^{2-}，SO_4^{2-}) であると仮定すると，8 種類の各イオンから考えられる化学反応式は，例えば表 3.6 に示す内容となります。

これらの化学反応式より発生し得る化学物質は計 27 種類あり，各々の物質間には以下の物質収支式が成り立ちます。

$$T_{\mathrm{Na}} = c_{\mathrm{Na^+}} + c_{\mathrm{NaCO_3^-}} + c_{\mathrm{NaHCO_3}} + c_{\mathrm{NaSO_4^-}} \tag{3.33}$$

$$T_{\mathrm{Ca}} = c_{\mathrm{Ca^{2+}}} + c_{\mathrm{CaCO_3}} + c_{\mathrm{CaHCO_3^+}} + c_{\mathrm{CaOH^+}} + c_{\mathrm{CaSO_4}} \tag{3.34}$$

$$T_{\mathrm{Mg}} = c_{\mathrm{Mg^{2+}}} + c_{\mathrm{MgCO_3}} + c_{\mathrm{MgHCO_3^+}} + c_{\mathrm{MgOH^+}} + c_{\mathrm{MgSO_4}} \tag{3.35}$$

$$T_{\mathrm{K}} = c_{\mathrm{K^+}} + c_{\mathrm{KSO_4^-}} \tag{3.36}$$

表 3.6　水の組成解析に係わる化学反応式

番号	化学反応式	平衡定数
01	$Na^{+} + CO_3^{2-} \Leftrightarrow NaCO3^{-}$	1.86209×10^{1} (L/mol)
02	$Na^{+} + H^{+} + CO_3^{2-} \Leftrightarrow NaHCO_3$	1.19950×10^{10} (L^2/mol^2)
03	$Na^{+} + SO_4^{2-} \Leftrightarrow NaSO_4^{-}$	5.37032×10^{0} (L/mol)
04	$Ca^{2+} + H_2O \Leftrightarrow CaOH^{+} + H^{+}$	2.00909×10^{-13} (mol/L)
05	$Ca^{2+} + CO_3^{2-} \Leftrightarrow CaCO_3$	1.58489×10^{3} (L/mol)
06	$Ca^{2+} + H^{+} + CO_3^{2-} \Leftrightarrow CaHCO_3^{+}$	3.97192×10^{11} (L^2/mol^2)
07	$Ca^{2+} + SO_4^{2-} \Leftrightarrow CaSO_4$	2.29087×10^{2} (L/mol)
08	$Mg_{2+} + H_2O \Leftrightarrow MgOH^{+} + H^{+}$	4.00867×10^{-12} (mol/L)
09	$Mg^{2+} + CO_3^{2-} \Leftrightarrow MgCO_3$	8.31764×10^{2} (L/mol)
10	$Mg^{2+} + H^{+} + CO_3^{2-} \Leftrightarrow MgHCO_3^{+}$	2.18273×10^{11} (L^2/mol^2)
11	$Mg^{2+} + SO_4^{2-} \Leftrightarrow MgSO_4$	1.81970×10^{2} (L/mol)
12	$K^{+} + SO_4^{2-} \Leftrightarrow KSO_4^{-}$	7.07946×10^{0} (L/mol)
13	$H_4SiO_4 \Leftrightarrow H_2SiO_4^{2-} + 2H^{+}$	9.12011×10^{-24} (mol^2/L^2)
14	$H_4SiO_4 \Leftrightarrow H_3SiO_4^{-} + H^{+}$	1.44544×10^{-10} (mol/L)
15	$2H^{+} + CO_3^{2-} \Leftrightarrow H_2CO_3$	4.79733×10^{16} (L^2/mol^2)
16	$H^{+} + CO_3^{2-} \Leftrightarrow HCO_3^{-}$	2.13304×10^{10} (L/mol)
17	$H^{+} + SO_4^{2-} \Leftrightarrow HSO_4^{-}$	9.77237×10^{1} (L/mol)
18	$H_2O \Leftrightarrow H^{+} + OH^{-}$	1.00693×10^{-14} (mol^2/L^2)

$$T_{Si} = c_{H_2SiO_4^{2-}} + c_{H_3SiO_4^{-}} + c_{H_4SiO_4} \tag{3.37}$$

$$T_{Cl} = c_{Cl^-} \tag{3.38}$$

$$T_{CO_3} = c_{CaCO_3} + c_{CaHCO_3^+} + c_{CO_3^{2-}} + c_{H_2CO_3} + c_{HCO_3^-} + c_{MgCO_3} + c_{MgHCO_3^+} + c_{NaCO_3^-} + c_{NaHCO_3} \tag{3.39}$$

$$T_{SO_4} = c_{CaSO_4} + c_{HSO_4^-} + c_{KSO_4^-} + c_{MgSO_4} + c_{NaSO_4^-} + c_{SO_4^{2-}} \tag{3.40}$$

ここで，c_i：化学物質 i の濃度 (mol/L)，T_j：イオン種 j の総量 (mol/L)，を表します。平衡定数は濃度の単位を mol/L とした場合の値として定義されているので，式 (3.33) から式 (3.40) における各濃度パラメータの単位は mol/L とします。

(2) 電荷均衡式

水中に存在する陽イオンと陰イオンの電荷総量は等しいため，次式が成り立つ必要があります。

$$2c_{Ca^{2+}} + c_{CaHCO_3^+} + c_{CaOH^+} + 2c_{Mg^{2+}} + c_{MgHCO_3^+} + c_{MgOH^+} + c_{Na^+} + c_{K^+} + c_{H^+} = c_{Cl^-} + 2c_{CO_3^{2-}} + 2c_{H_2SiO_4^{2-}} + c_{H_3SiO_4^-} + c_{HCO_3^-} + c_{HSO_4^-} + c_{NaCO_3^-} + c_{NaSO_4^-} + c_{KSO_4^-} + 2c_{SO_4^{2-}} + c_{OH^-} \tag{3.41}$$

(3) 化学平衡式

各化学物質の濃度は，各物質との相互反応によりある制約条件のもので決まります。その制約条件とは表 3.6 に示す化学反応式上の平衡定数と呼ばれるものです。例えば次の平衡反応があるとき，

$$aA + bB + cC \rightleftharpoons xX + yY + zZ \tag{3.42}$$

化学平衡式は，

$$K_{eq,k} = \frac{a_X{}^x \cdot a_Y{}^y \cdot a_Z{}^z}{a_A{}^a \cdot a_B{}^b \cdot a_C{}^c} \tag{3.43}$$

として与えられます。ここで，$K_{eq,,k}$：化学反応式 k 番目の平衡定数，a ～ z：化学量論係数，a_i：化学物質 i の活量 (mol/L) を表します。例えば 18 種類の化学反応式 ($k = 18$) があるとき，式 (3.43) による 18 個の平衡定数が制約条件式として付与されることになります。

活量 a_i は活量係数 γ_i と濃度 c_i の積で与えられ，すなわち

$$a_i = \gamma_i \cdot c_i \tag{3.44}$$

となります。活量係数 γ_i は，その化学物質のみならず共存する他の化学物質の種類や濃度によっても影響を受けますが，分析の実用上の面からすれば，活量係数はイオンの電荷と溶液のイオン強度によって決定できると考えられています。ここでは活量係数の算定式として種々のイオンの混合溶液を対象とする次式を紹介します [14]。

$$\log \gamma_i = -A \cdot z_i{}^2 \left(\frac{\sqrt{I}}{1 + \sqrt{I}} - 0.2 \cdot I \right) \tag{3.45}$$

ここで，I：イオン強度 (mol/L)，z_i：化学物質 i のイオン価数を表し，定数 A は

$$A = 1.82 \times 10^6 \times (78.3 \times T)^{-1.5} \tag{3.46}$$

として与えられます。なお，イオン強度は次式で定義される指標です。

$$I = \frac{1}{2} \sum c_i \cdot {z_i}^2 \tag{3.47}$$

以上に述べた物質収支式と，電荷均衡式，および化学平衡式を連立して解くことで，化学物質の形態別に濃度を求めることができます。海水の組成計算を例として述べましたが，海水では扱う化学反応式の数が多く計算過程を理解するのが難しいため，3.3.3 項と 3.3.4 項では，単純な系での化学平衡計算の例を紹介します。その後，海水の組成計算について述べます。

3.3.3　計算事例 1：アンモニア水溶液の pH

化学反応式の確認

濃度 0.1 mol/L のアンモニア水溶液の pH を求めてみます。アンモニア (NH_3) と水 (H_2O) の化学反応として捉えます。水にはアンモニアが溶けているだけでなく，アンモニアがわずかに水に反応してアンモニウムイオン ($NH_4{}^+$) を生成し，その結果，水酸化イオン (OH^-) も生じます。この化学反応は次のようなひとつの反応式で表されます。

$$NH_3 + H_2O \rightleftharpoons NH_4{}^+ + OH^- \tag{3.48}$$

この化学反応式上で，物質収支式と電荷均衡式，および化学平衡式を考えていきます。

数式で表現する

式 (3.48) の反応系において，アンモニアが水中でどのような形態で存在するかは分かりませんが，物質収支式ではその合計量は 0.1 mol/L であるという制約があります。式 (3.48) 上では，アンモニアの形態としてアンモニアまたはアンモニウムイオンの 2 通りが示されているので，

$$c_{NH_3} + c_{NH_4{}^+} = 0.1 \tag{3.49}$$

という物質収支式で表現され，この式 (3.49) を満たさなければなりません。ここで，c_{NH_3}：アンモニアの濃度 (mol/L)，$c_{NH_4^+}$：アンモニウムイオンの濃度 (mol/L) を表します。

次に電荷均衡式（電気的中性の条件とも言います）では，当該の反応に関わるすべてのイオンは，プラスとマイナスの量が等しくなる必要があるので，次式も成り立つ必要があります。

$$c_{H^+} + c_{NH_4^+} = c_{OH^-} \tag{3.50}$$

c_{H^+}：水素イオン濃度 (mol/L)，c_{OH^-}：水酸化物イオンの濃度 (mol/L) を表します。

また，それぞれの化学物質の濃度は自由に定まることはできず，化学物質同士の反応によって制約を受ける場合があります。ひとつはどのような化学反応においても，次式で表現される水のイオン積（水はわずかであるが電離しているという条件）は必ず満たさなければなりません。

$$K_w = c_{H^+} \cdot c_{OH^-} \tag{3.51}$$

ここで，K_w：水のイオン積 ($= 1.0 \times 10^{-14}$ mol^2/L^2) になります。余談になりますが，水のイオン積は温度によって変化しますので，温度変化に伴う濃度変化を計算したい場合には，対象温度にあった水のイオン積を用いることが大切です。

もうひとつの制約条件とは，式 (3.48) は平衡状態において各濃度はある一定の比率で存在する，というものです。平衡定数と呼ばれるものであり，

$$K_{eq} \equiv \frac{c_{NH_4^+} \cdot c_{OH^-}}{c_{NH_3}} = 1.79 \times 10^{-5}\ \text{mol/L} \tag{3.52}$$

として定義されます。平衡定数 K_{eq} は一般的には，化学反応式の左辺にある化学物質濃度の積を分母に，化学反応式の右辺にある化学物質濃度の積を分子にとったときの比で定義されます。また水 (H_2O) は一定と見なせるので，平衡定数の中に取り込んでいます。そうすることで，式 (3.52) のように数式上で水の濃度というパラメータは現れないようにしています。平衡定数に係るこれまでの説明は一般的な扱いであり，絶対的なもの

ではないことに注意してください。

各種化学平衡計算用ソフトウェアでは平衡定数の扱いが異なる場合もあり，化学反応式の左辺と右辺を逆にして平衡定数を整理していたり，濃度の単位として化学計算特有の mol/L ではなく SI 単位系 mol/m^3 を用いていたり，また水の濃度をパラメータとして与えるものもあります。化学平衡計算ソフトウェアを使用する場合には，中身をよく理解し検証を行った上で，正しく用いることが大切です。

連立方程式を立て濃度を求める

式 (3.49)〜式 (3.52) までの方程式を用いて，未知数 c_{H^+}，c_{OH^-}，c_{NH_3}，$c_{NH_4^+}$ を求めます。未知数 4 つに対して方程式 4 つなので，それぞれの解を求めることができます。ここでは c_{H^+} について考えます。未知数 c_{H^+} について整理すると，

$$K_{eq}{c_{H^+}}^3 + \left(K_W + K_{eq}T_N\right){c_{H^+}}^2 - K_W K_{eq} c_{H^+} - {K_W}^2 = 0 \tag{3.53}$$

となる三次方程式が得られます。ここで T_N：アンモニアの合計量 (mol/L) であり，この場合，アンモニア濃度とアンモニウムイオン濃度の和であり 0.1 mol/L となります。式 (3.53) を未知数 c_{H^+} について解くと，$c_{H^+} = 7.52 \times 10^{-12}$ mol/L となり，pH は

$$\mathrm{pH} = -\log_{10}\left(c_{H^+}\right) \tag{3.54}$$

の定義式に従うと 11.12 と計算されます。

原理は分かっても，式 (3.49)〜式 (3.52) から成る連立方程式から式 (3.53) を導出するのは煩雑な式操作を伴うため，人によっては大変難しいと感じることでしょう。しかしこのような複雑な連立方程式も，現在では誰もが解けるように Web アプリケーションが整備されており，中には無料で使用できるものもあります。例えば，Wolfram 社の Web サイトには Wolfram Alpha と呼ばれる Web アプリケーションが提供されています [15]。ユーザーは，式 (3.49)〜式 (3.52) から成る連立方程式を Web に入力するだけで，式変形することなく解を得ることができます。Web サイト検索から探してみてください。

最後に数値計算で解く方法を紹介します。さまざまな数値解析ソフトウェアが存在しますが，これらは方程式の厳密解（理論解）を求めるものではなく，近似解（数値解）を算出するものです。これらのソフトウェアには，連立一次方程式を数値的に解くためのプログラムが包含されています。それを用いることで，式 (3.49)～式 (3.52) から成る連立方程式も解くことができます。例えば，次の行列方程式に変換すると

$$\begin{bmatrix} 1 & 1 & 0 & 0 \\ 0 & 1 & 1 & -1 \\ 0 & 0 & c_{\mathrm{OH^-}} & 0 \\ 0 & 0 & 0 & c_{\mathrm{NH_4{}^+}} \end{bmatrix} \begin{Bmatrix} c_{\mathrm{NH_3}} \\ c_{\mathrm{NH_4{}^+}} \\ c_{\mathrm{H^+}} \\ c_{\mathrm{OH^-}} \end{Bmatrix} = \begin{bmatrix} T_N \\ 0 \\ K_w \\ c_{\mathrm{NH_3}} \end{bmatrix} \tag{3.55}$$

となるので，$A\boldsymbol{x} = \boldsymbol{b}$ の形となり，未知数ベクトル $\boldsymbol{x}$ に関する連立一次方程式として既存プログラムを活用して解くことができます。ただし，式 (3.55) の係数行列 A と列ベクトル $\boldsymbol{b}$ には未知数を含みます。これらに含まれる未知数は何らかの数値を仮定して既知の係数行列と列ベクトルとして扱うことで，線形連立一次方程式の求解アルゴリムに基づいて，未知数ベクトルを得ることができます。得られた未知数ベクトルは，係数行列と列ベクトルに対して仮定した未知数と一致するのかを検証する必要があります。一致しない場合には，単純繰返代入法やニュートン・ラフソン法を用いて仮定する未知数を更新し，線形連立一次方程式の求解を繰り返します。

数値解析ソフトウェアにはさまざまな種類がありますが，そのほとんどには線形連立一次方程式等の問題を解くプログラムが組み込まれています。式 (3.55) のような問題を計算するのにも使えるかもしれませんが，それが可能かどうかはソフトウェアによって異なります。専門分野に特化した数値解析ソフトウェアは当該分野での使いやすさを重視して設計されているため，カスタマイズが難しいことがあります。しかし，広範な分野で使える汎用的な数値解析ソフトウェアは，設定や専門用語が多くて使いにくいかもしれませんが，うまく使いこなせれば，式 (3.55) のような化学平衡計算に応用するだけでなく，他の多くにも活用できるでしょう。

3.3.4　計算事例 2：鉛の溶解度と pH 依存性

廃棄物や土壌等に，万が一有害な化学物質が含まれる場合には，それが溶出しないような措置を施すのが最も重要です。このような措置には，固化処理，固型化処理，不溶化処理等のさまざまな方法がありますが，ここでは最もイメージしやすいセメントによる固化を挙げて説明します。

有害な化学物質を含む廃棄物や土壌等があったとき，セメントによって固めるとなぜ有害な化学物質が溶出しにくくなるのでしょうか？　もちろん「固まる」からなのですが，もう少し深く掘り下げてみます。固まることで，そこに水が浸透しにくくなるので，溶出の起源となる水との接触が少なくなります。また小さな個々の廃棄物や土粒子にセメントが結合剤として寄与することで，集合体となり大きなひとつの塊となります。このとき，小さな固体として存在していた場合と，大きなひとつの塊として存在する場合とでは，単位質量当たりの表面積（比表面積と呼びます）は塊として存在する方が少なくなります（図 3.11 を参照)。したがって比表面積が少なくなることで水との接触面積を少なくできます。これらは物理的な要因によるものですが，他にも化学的な要因によっても溶出抑制がなされています。

同じ質量でも

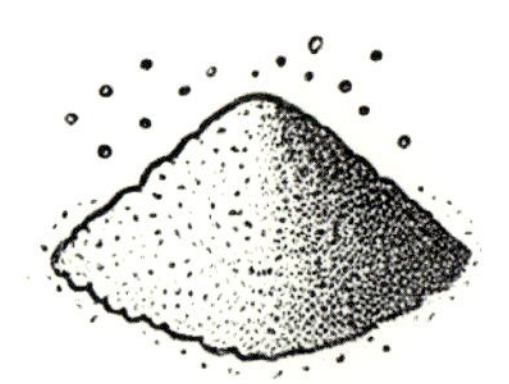

図 3.11　比表面積の違い

一方で，セメントが作り出す高い pH の環境によって，いくつかの化学物質は溶けにくい形態に変わります。これを化学的な要因による溶出抑制とします。ここでは，重金属のひとつである鉛 (Pb) を例にとって，なぜ

pH によって難溶性になるのかを化学平衡計算の点から考察してみます。

純水中に溶かした鉛は水中の水酸化物イオン (OH^-) と結合してさまざまな化学形態をとり，次の化学反応式によって表現されます [16]。

$$Pb^{2+} + H_2O \rightleftharpoons Pb(OH)^+ + H^+ \tag{3.56}$$

$$Pb(OH)^+ + H_2O \rightleftharpoons Pb(OH)_2(aq) + H^+ \tag{3.57}$$

$$Pb(OH)_2(aq) + H_2O \rightleftharpoons Pb(OH)_3{}^- + H^+ \tag{3.58}$$

$$Pb(OH)_3{}^- + H_2O \rightleftharpoons Pb(OH)_4{}^{2-} + H^+ \tag{3.59}$$

$$Pb^{2+} + 2OH^- \rightleftharpoons Pb(OH)_2(s) \tag{3.60}$$

ここで，各反応においても，平衡状態における濃度比は決まっており

$$K_1 \equiv \frac{c_{Pb(OH)^+} \cdot c_{H^+}}{c_{Pb^{2+}}} = 1.26 \times 10^{-8}\ \mathrm{mol/L} \tag{3.61}$$

$$K_2 \equiv \frac{c_{Pb(OH)_2} \cdot c_{H^+}}{c_{Pb(OH)^+}} = 5.01 \times 10^{-10}\ \mathrm{mol/L} \tag{3.62}$$

$$K_3 \equiv \frac{c_{Pb(OH)_3{}^-} \cdot c_{H^+}}{c_{Pb(OH)_2}} = 1.00 \times 10^{-11}\ \mathrm{mol/L} \tag{3.63}$$

$$K_4 \equiv \frac{c_{Pb(OH)_4{}^{2-}} \cdot c_{H^+}}{c_{Pb(OH)_3{}^-}} = 3.98 \times 10^{-16}\ \mathrm{mol/L} \tag{3.64}$$

$$K_{sp} \equiv c_{Pb^{2+}} \cdot (c_{OH^-})^2 = 1.26 \times 10^{-16}\ \mathrm{mol^3/L^3} \tag{3.65}$$

となっています。

式 (3.60) は，鉛イオン (Pb^{2+}) と水酸化物イオン (OH^-) が反応することで水酸化鉛 (s) が形成することを表しています。ここで「s」とは「solid」の意味であり，沈殿物を形成すること意味します。それに対応する式 (3.65) は溶解度積と呼ばれており，沈殿物を形成するか否かの閾値に相当します。鉛イオンと水酸化物イオンの積が $1.26 \times 10^{-16}\ \mathrm{mol^3/L^3}$ を超えるとき沈殿し，それよりも低いときは沈殿しないことを意味します。

さて，式 (3.61)～式 (3.65) の数式のみを見て，鉛の溶解度と pH の関係を考えてみましょう。鉛の溶解度とは，式 (3.65) が等号条件（沈殿物が析出するか否かの閾値）で成立するとき，水中に鉛がどれだけ溶けているか，すなわち水中の鉛の濃度を表すものです。鉛の濃度とは，水中で存

在し得るすべての化学形態の総和であり，

$$S = c_{\mathrm{Pb}^{2+}} + c_{\mathrm{Pb(OH)}^{+}} + c_{\mathrm{Pb(OH)_2}} + c_{\mathrm{Pb(OH)_3}^{-}} + c_{\mathrm{Pb(OH)_4}^{2-}} \tag{3.66}$$

として表現できます。ここで，S：鉛の溶解度 (mol/L) とします。鉛の溶解度に与える pH の影響を調べるためには，pH をパラメトリックに変化させる入力条件として扱い，式 (3.61)～式 (3.65) を用いることで，鉛の各種形態における濃度を出力する流れとなります。すなわち

$$c_{\mathrm{Pb}^{2+}} = \frac{K_{\mathrm{sp}}}{(c_{\mathrm{OH}^-})^2} = \frac{K_{\mathrm{sp}}}{{K_{\mathrm{w}}}^2} \cdot (c_{\mathrm{H}^+})^2 \tag{3.67}$$

$$c_{\mathrm{Pb(OH)}^{+}} = \frac{c_{\mathrm{Pb}^{2+}}}{c_{\mathrm{H}^+}} K_1 = \frac{K_1 K_{\mathrm{sp}}}{{K_{\mathrm{w}}}^2} \cdot c_{\mathrm{H}^+} \tag{3.68}$$

$$c_{\mathrm{Pb(OH)_2}} = \frac{c_{\mathrm{Pb(OH)}^{+}}}{c_{\mathrm{H}^+}} K_2 = \frac{K_1 K_2 K_{\mathrm{sp}}}{{K_{\mathrm{w}}}^2} \tag{3.69}$$

$$c_{\mathrm{Pb(OH)_3}^{-}} = \frac{c_{\mathrm{Pb(OH)_2}}}{c_{\mathrm{H}^+}} K_3 = \frac{K_1 K_2 K_3 K_{\mathrm{sp}}}{{K_{\mathrm{w}}}^2} \cdot \frac{1}{c_{\mathrm{H}^+}} \tag{3.70}$$

$$c_{\mathrm{Pb(OH)_4}^{2-}} = \frac{c_{\mathrm{Pb(OH)_3}^{-}}}{c_{\mathrm{H}^+}} K_4 = \frac{K_1 K_2 K_3 K_4 K_{\mathrm{sp}}}{{K_{\mathrm{w}}}^2} \cdot \frac{1}{(c_{\mathrm{H}^+})^2} \tag{3.71}$$

として求めることができます。式 (3.67)～式 (3.71) は，すべて水素イオン濃度のみを引数とする関数ですので，鉛の各形態における濃度を求めることができます。その結果を式 (3.66) に代入することで，結果的に，鉛の溶解度は水素イオン濃度 (pH) によって依存するという関係が得られます。

図 3.12 は，式 (3.66) から式 (3.71) に対して水素イオン濃度をパラメトリックに変化させたときの，鉛の各形態における濃度を計算した結果を示しています。水中に存在し得るすべての形態の濃度を足し合わせた数値を溶解度と呼びますが，溶解度は pH の動きに対して極小をもつような性質があることが分かります。鉛では最小の溶解度を与えるのは pH がおおよそ 10 のときであるので，セメント等を混ぜ合わせることで pH を高い環境にすることは溶解度を抑える上でも化学的な側面から有効であると言えます。

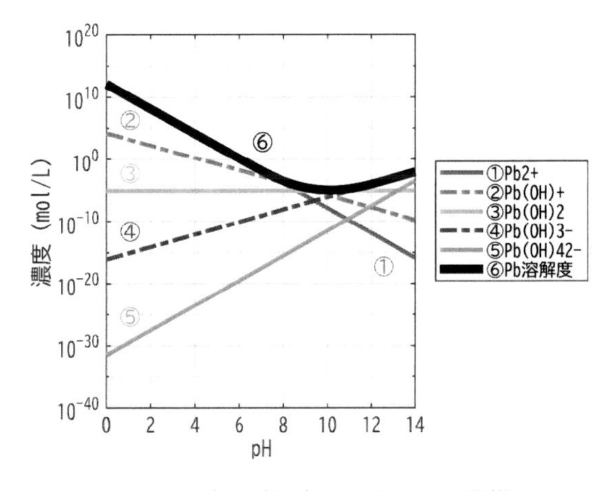

図 3.12　鉛の溶解度に及ぼす pH の影響

ただし，この極小値を与える pH は絶対的なものではありません。式 (3.61)～式 (3.65) の数式上での話に限ります。本来，化学平衡計算は，これまでに述べたように物質収支式と電荷均衡式，および化学平衡式を連立させて解くものですが，式 (3.61)～式 (3.65) では化学平衡式のみしか考慮していません。pH を変化させるため，実際には塩酸や水酸化ナトリウムを添加します。また化学物質が溶けている液体は純水とは限らず，海水や産業活動で生じた廃水，廃棄物埋立地から生じた浸出水等の場合もあります。鉛以外にも他の元素を含むような実際の系では，他の元素の存在が鉛の濃度に影響を与えます。そのため，いかなる反応前後においても元素の量は不変であるための物質収支式，系内での陽イオンと陰イオンは電荷量上では平衡しなければならないための電荷均衡式を考慮しなければなりません。特に，化学物質の種類が多く濃度が高い等，環境条件が複雑になるほど，本節で取り扱った式 (3.61)～式 (3.65) 以外にも無視できない制約条件が生まれてきます。その結果，図 3.12 とは異なった挙動になります。

このような複雑な環境下では化学平衡計算は煩雑になります。式 (3.61)～式 (3.65) のように数式で表現することや，各式において pH（水素イオン濃度）を１つの入力条件として１つの鉛成分の濃度を求めるような数式に落とし込むことはできなくなります。なぜなら，複数の元素が共存する環境下では，1 つの鉛成分の濃度は，pH のみならず他元素の濃度にも依存する形で求められるためです。pH を代入する点では同じですが，その後の計算処理が異なり，鉛と他元素の相互作用（物質収支式，電荷均衡式，および化学平衡式）を考慮することで，鉛成分濃度を求めます。ちょうど，式 (3.55) のような形で制約条件が行列方程式として表現され，その未知数ベクトルの中身は系内に存在するすべての元素の化学形態（各鉛成分を含む）で構成されます。行列方程式を代数的に解くことができるのは 3 行 3 列の逆行列が限界なので，3 つ以上の化学形態をもつような行列方程式ではコンピュータを用いて近似的に求めることになります。

行列方程式の作成と求解は，数式処理というよりも，コンピュータの処理手順（アルゴリズム）が肝要になりますので，それを支援するためのソフトウェアがいくつか開発されています。水系の解析ソフトウェアでは Geochemist's workbench，PhreePlot，Visual MINTEQ 等があります。こうしたソフトウェアを活用すれば，図 3.12 も現地環境を考慮してより正確な溶解度を推定できるでしょう。なかでも，PhreePlot や Visual MINTEQ は無償利用可能なので，図 3.12 のような推察は誰でも可能な時代となっています [17]。

現場によって環境は異なるので，とある現場では成功した処理であっても（例えば，低濃度の土壌に対してセメント固化が適用できても），別の現場ではうまく行かないこと（例えば，高濃度の汚泥に対してはセメントを入れても固まらない等）は往々にして存在します。そのため現場ごとに配合実験等の緻密な事前調査を踏まえて設計をすることが大事で，それを支援するのが理論です。すべてを理論で進めることは現実的ではないので，少なからず実験的な事前調査は不可欠です。しかし，化学平衡計算を活用すれば，事前調査を最小限に留め，調査コストを抑制することができます。

3.3.5　計算事例 3：地下水と海水の組成計算

さて，3.3.1 項と 3.3.2 項に述べた海水の化学形態について話を戻します。表 3.5 に示すように，海水は地下水よりも濃度が高い特徴があります。それ故に，表 3.6 に示す化学反応の影響も大きく，海水中の化学形態を知ることは煩雑ですが，考え方は 3.3.3 項のアンモニア水溶液の pH 計算と同じであり，扱う化学物質の種類と方程式が多くなるだけです。

化学平衡計算は，物質収支式と電荷均衡式，および化学平衡式です。物質収支式は，式 (3.33)〜式 (3.40) に示されるように，ナトリウム (Na)，カルシウム (Ca)，マグネシウム (Mg)，カリウム (K)，シリカ (Si)，塩化物 (Cl)，炭酸 (CO_3)，硫酸 (SO_4) の 8 個です。電荷均衡式は式 (3.41) の 1 個です。化学平衡式は，表 3.6 に示すように 18 個あります。また，化学平衡計算によって求める濃度は 27 個あります (Na^+，Ca^{2+}，Mg^{2+}，K^+，H_4SiO_4，H^+，$CO_3{}^{2-}$，$SO_4{}^{2-}$，$H_2SiO_4{}^{2-}$，$H_3SiO_4{}^-$，$NaCO_3{}^-$，$NaSO_4{}^-$，$CaOH^+$，$CaCO_3$，$CaSO_4$，$MgOH^+$，$MgCO_3$，$MgSO_4$，$KSO_4{}^-$，H_2CO_3，$HCO_3{}^-$，$HSO_4{}^-$，OH^-，$NaHCO_3$，$CaHCO_3{}^+$，$MgHCO_3{}^+$，Cl^-)。ただし，H_2O は求解対象ではありません。

したがって，方程式 27 個に対して未知数 27 個になるので解くことができます。連立方程式は連立一次方程式の求解に係るオープンソースコードが多く公開されているので，これらを活用することで解くことができます。ここでは，汎用数値解析ソフトウェア COMSOL Multiphysics ver. 6.2（COMSOL 社）を用いて解きました。

図 3.13 は，各化学物質の濃度に表 3.5 に示す数値を与えたときの，各化学物質が取り得る化学形態を計算によって求めた結果です。レーダーチャートの形状が地下水と海水環境下では異なっていることが分かります。このことは，化学形態は濃度に対して線形的に変化するものではないことを意味しています。濃度が異なることで各物質間での相互作用の強さが変わるため，化学形態は環境に応じて複雑に変化します。例えば，炭酸イオンは，弱酸性から弱アルカリ性の帯域では，炭酸イオンは重炭酸 ($HCO_3{}^-$) として存在することが知られていますが [18]，この化学平衡計算の結果からも，pH が中性である地下水では重炭酸が最も濃度が高く，また弱アルカリ性である海水でも重炭酸が最も濃度が高く計算できていることが分かります。

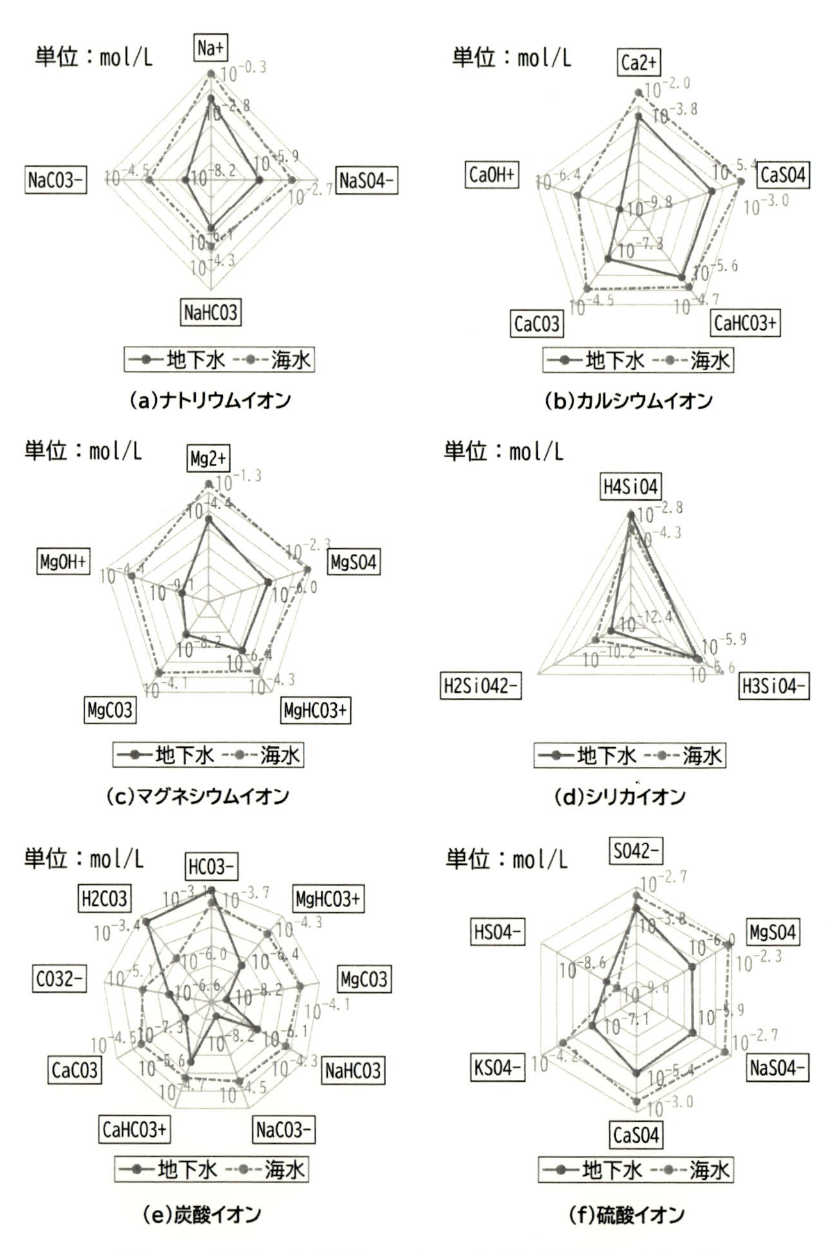

図 3.13　地下水と海水環境下における主要な化学物質の存在形態

参考文献

[1] 環境庁: 土壌溶出量調査に係る測定方法を定める件. 平成 3 年 8 月 23 日環境庁告示第 46 号 (1991).
https://www.env.go.jp/kijun/dojou.html（2024 年 10 月 7 日参照）

[2] 環境省: 土壌の汚染に係る環境基準について. 平成 15 年 3 月 6 日環境省告示第 18 号 (2003).
https://www.env.go.jp/water/dojo/law/kokuji.html（2024 年 10 月 7 日参照）

[3] JIS K 0058-1: 『スラグ類の化学物質試験方法 第一部 溶出量試験方法』, 日本産業規格 (2005).

[4] JSTMCWM-TS0105: 『再生製品等に含まれる無機物質を対象とするシリアルバッチ試験方法』, 廃棄物資源循環学会廃棄物試験・検査法研究部会 (2012).
https://jsmcwm.or.jp/wastest-group/（2024 年 10 月 7 日参照）

[5] 肴倉宏史, 水谷聡, 田崎智宏, 貴田晶子, 大迫政浩, 酒井伸一: 利用形状に応じた拡散溶出試験による廃棄物溶融スラグの長期溶出量評価, 『廃棄物学会論文誌』, Vol.14, No.4, pp.200-209 (2003).

[6] 石森洋行, 伊藤隆志, 遠藤和人: セメント固型化物からの化学物質溶出量に与える試料表面積の影響, 『第 26 回廃棄物資源循環学会研究発表会講演概要集』, pp.433-434 (2015).

[7] 遠藤和人: 界面最終処分場の構造・管理そして役割, 第 27 回廃棄物資源循環学会研究発表会特別セッション (2016).

[8] Asakura, H., Sakanakura, H. Matsuto, T.: Alkaline solution neutralization capacity of soil, *Waste Management*, Vol.30, No.10, pp.1989-1996 (2010).

[9] 三木博史, 森範行, 古性隆: 土の中和能力及び土中でのアルカリ浸透深さに関する試験, 『土木学会第 49 回年次学術講演会講演概要集』, pp.1534-1535 (1994).

[10] 嘉門雅史, 勝見武, 大山将: セメント安定処理土のアルカリ溶出特性とその制御, 『京都大学防災研究所年報』, Vol.38, No.B-2, pp.55-65 (1995).

[11] 土木研究所編: 『建設汚泥再生利用マニュアル』, 大成出版社 (2008).

[12] Fetter, C. W.: Contaminant Hydrogeology, Prentice Hall (1998).

[13] Nelson, D.: Natural variations in the composition of groundwater, Groundwater Foundation Annual Meeting, pp.1-8 (2002).
https://www.oregon.gov/oha/ph/HealthyEnvironments/DrinkingWater/SourceWater/Documents/gw/chem.pdf（2024 年 10 月 7 日参照）

[14] Benfield, L. D., Judkins, J. F., Weand, B. L.: Process Chemistry for Water and Wastewater Treatment, Prentice Hall (1981).

[15] WOLFRAM: WolframAlpha
https://www.wolframalpha.com/（2024 年 10 月 7 日参照）

[16] 水町邦彦: 溶解度積, 『化学教育』, Vol.26, No.2, pp.139-145 (1978).

[17] Kinniburgh, D.: PhreePlot Creating graphical output with PHREEQC
https://phreeplot.org/（2024 年 10 月 7 日参照）

[18] Drever, J. I.: The Geochemistry of Natural Waters: Surface and Groundwater Environments (3rd edition), Prentice Hall (1997).

第4章

廃棄物の有効利用と環境安全性に係る考え方

廃棄物の有効利用は，現代社会における持続可能な発展を支える重要な柱のひとつです。特に廃棄コンクリート，スラグ，石炭灰等といった産業廃棄物は発生量が多いので，その再利用は資源の節約と環境保護に大きく貢献します。しかし，再利用に当たっては環境安全性の評価が不可欠です。

本章では，廃棄物の有効利用に伴う環境安全性を評価するための具体的な手法を説明し，どのような科学的根拠が得られるのかを紹介します。

4.1　廃棄物の有効利用

廃棄物や副産物を原料とするリサイクル製品の開発が進んでいますが，それを安全に使うためには，適切な枠組みを整えることが重要です。リサイクル製品の種類や量，用途に応じて，周辺環境に与える影響をどのように評価するのか，またその影響を基準値以下に抑えるためには使用方法をどのように規定するのかを決める必要があります。この評価や規定は，科学的な裏付けに基づいて行われ，コンピュータシミュレーションが役立ちます。現地での利用状況を想定してシミュレーションすることで，リサイクル製品が環境に与える恐れを定量的に予測することができます。

ここでは，リサイクル製品に含まれる化学物質が環境中に放出される場合について考えます。具体的には，リサイクル製品から化学物質がどのように溶け出し，周辺環境に移動するかをシミュレーションする方法について，実例を交えて説明します。図 4.1 は，リサイクル製品を地盤の代替材料として活用した場合に，周辺環境に及ぼし得る影響を考えたものです。リサイクル製品の一例として，廃棄コンクリートやスラグ，石炭灰等を挙げています。

コンクリートを例に説明します。コンクリートは私たちの身近にある存在であり，それ自体が環境に悪さをするとはあまり耳にしたことがないと思います。それは通常成型体であるため，降雨に曝されたり，私たちが直接触れたりしたとしてもその接触面は最小限に制限されているからです。

しかし，建築物や構造物の解体作業においてコンクリートは砕かれて，

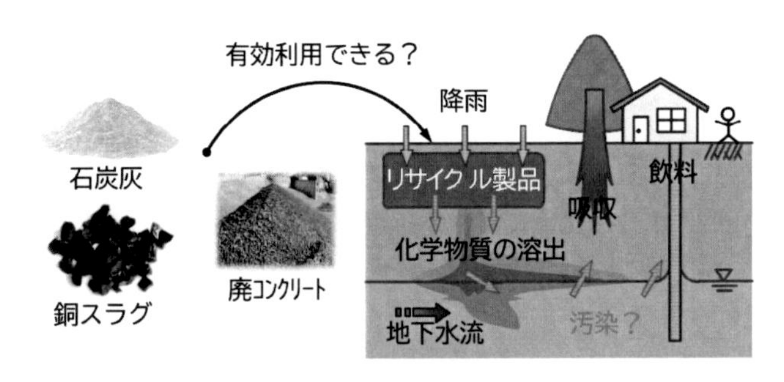

図 4.1　廃棄物や再生製品等を利用する際に考えられる周辺環境への影響

ばらばらにした状態で工事現場から搬出されます。コンクリートはご存じのとおり強度に優れた材料ですので，その特性を活かし，ばらばらになった状態でも有効利用できる商品として活かされます。例えば再生砕石と呼ばれる商品がそれに当たります。名前の如く，砕石の代替材料として活用が見込まれ，道路の材料の一部に利用されています。

一方で，コンクリートは石灰を多く使用した材料ですので，石灰（酸化カルシウム；CaO）が水に触れると水酸化カルシウム ($Ca(OH)_2$) へと変化し，水をアルカリ性に変化させてしまいます。成型体の場合であれば降雨に曝されてもその接触面積が最小限に制限され，アルカリ性の水が生じたとしても極微量（接触面では確かにアルカリ性となりますが接触面に触れない大量の雨によって希釈されます）で済みますが，ばらばらになった粒状体であると接触面積が増えるのでアルカリ性の水が希釈できないまま流出したり，場合によってはさらに強いアルカリ性になったりする恐れもあります。そのため，粒状体となった廃棄コンクリートを環境中で用いる場合には，使用量の制限や，あまりに粒の細かなものは使用しない，アルカリ性の水が発生してもそれを中和できるような土で周りを覆う等の措置が必要になります。

スラグは金属の精錬過程で発生した不要物であり，石炭灰は火力発電所で石炭を燃やしたときに発生した灰です。いずれも材料としての性質を活かして有効利用可能なものであり，例えばスラグは外観からしても土石材料に近しく，また強度面でも優れることから地盤の代替材料としての活用が見込まれ，石炭灰は非常に細かな粉体であることからコンクリートに混ぜ込むことでより緻密な構造になり強度増加が見込まれます。このように機能面では優位であり有効利用を進めたいところですが，いずれも石灰を含み降雨に曝されるとアルカリ性の水が発生する恐れがあるので，使用条件には十分な注意が必要になります。

こうしたリサイクル製品の使用条件を検討する際には，まず対象のリサイクル製品からどれくらいの化学物質が出てくるのかという溶出量と溶出特性（溶出量の時間変化）を調べなければ議論が始まりません。また溶出する化学物質に対する措置を考える上では，その成分を吸着保持するための土壌をリサイクル製品の下に敷設する対策が必要になります。その土量を決めるためには土壌の吸着能力を調べなければなりません。

4.2　基礎方程式

図 4.1 のようにリサイクル製品を地盤の一部として利用した場合に，そこから溶出する化学物質の地盤内挙動の予測モデルを考えてみます。化学物質の地盤内挙動は第 2 章と第 3 章に示した理論に従い，浸透流方程式と移流分散方程式によって表すのが一般的です。

4.2.1　浸透流方程式

浸透流方程式の目的は，多孔質媒体（ここでは地盤やリサイクル製品）内の流れ場を求めることです。流体として水に着目したとき，その多孔質媒体内の流れは，次の浸透流方程式によって表現されます。

$$C\frac{\partial p}{\partial t} + \nabla \cdot \left[-\frac{k_{\mathrm{r}}K}{\mu_{\mathrm{w}}} \left(\nabla p + \rho_{\mathrm{w}} g \nabla z \right) \right] = 0 \tag{4.1}$$

ここで，p：水の圧力 (Pa)，ρ_{w}：水の密度 (kg/m^3)，μ_{w}：水の粘性係数 (Pa·s)，C：比水分容量 (1/Pa)，k_{r}：透水係数比，K：固有透過度 (m^2)，g：重力加速度 (= 9.82 m/s^2) を表します。浸透速度 u は，ダルシーの法則によって

$$u = -\frac{k_{\mathrm{r}}K}{\mu_{\mathrm{w}}} \left(\nabla p + \rho_{\mathrm{w}} g \nabla z \right) \tag{4.2}$$

として計算できます。

比水分容量 C と透水係数比 k_r は van Genuchten による式 (2.30) と式 (2.31) を準用すれば

$$C = \frac{\partial \theta}{\partial p} = \phi \frac{\partial S}{\partial p} \tag{4.3}$$

$$S_\mathrm{e} \equiv \frac{\theta - \theta_\mathrm{r}}{\theta_\mathrm{s} - \theta_\mathrm{r}} = \left[1 + \left(\alpha \left|p\right|^n\right)\right]^{-m} \tag{4.4}$$

$$k_\mathrm{r} = {S_\mathrm{e}}^{1/2} \left[1 - \left(1 - {S_\mathrm{e}}^{\frac{1}{m}}\right)^m\right]^2 \tag{4.5}$$

となります。ここで，θ：体積含水率 $(\mathrm{m}^3/\mathrm{m}^3)$，$S$：飽和度 $(\mathrm{m}^3/\mathrm{m}^3)$，$S_e$：有効飽和度 $(\mathrm{m}^3/\mathrm{m}^3)$，$\phi$：間隙率 $(\mathrm{m}^3/\mathrm{m}^3)$，$\theta_r$：残留時の体積含水率 $(\mathrm{m}^3/\mathrm{m}^3)$，$\theta_s$：飽和時の体積含水率，$\alpha$：空気侵入圧の逆数に相当するパラメータ (1/Pa)，n：水分特性曲線の傾きに係るパラメータであり，$m = 1 - 1/n$ の関係があります。また，間隙中に水または空気の流体しか存在しない場合では，$\theta = \phi S, \theta_s = \phi$ が成り立ちます。

浸透流方程式の未知数は水圧 p です。浸透流方程式を解くことで解析空間内の水圧分布が求まり，ダルシーの法則を用いることで流速分布に変換することができます。これにより間隙中の流れ場が求まります。

4.2.2　移流分散吸着方程式

流れ場が得られると，次はその流れ場に沿って輸送される化学物質の動きを知ることができます。間隙水に溶けた化学物質の輸送は，吸脱着反応を考慮した場合，次の移流分散方程式によって表されます。

$$\theta R \frac{\partial c}{\partial t} + \nabla \cdot \left(-\theta D_{ij} \nabla c\right) + u \nabla c = \rho_d j \tag{4.6}$$

ここで，c：化学物質の濃度 $(\mathrm{mol}/\mathrm{m}^3)$，$D_{ij}$：分散係数 $(\mathrm{m}^2/\mathrm{s})$，$R$：遅延係数，$\rho_d$：土の乾燥密度 $(\mathrm{kg}/\mathrm{m}^3)$，$j$：化学物質の反応量 $(\mathrm{mol}/\mathrm{m}^3/\mathrm{s})$ です。式中の浸透流速 u には，浸透流方程式から得た結果を与えます。

分散係数 D は Bear による式 (2.40)，遅延係数 R はラングミュアの吸着等温線を仮定し式 (3.30) に従うものとします。すなわち，

$$D_{ij} = \alpha_T \left|v\right| \delta_{ij} + \left(\alpha_L - \alpha_T\right) \frac{v_i v_j}{\left|v\right|} + \tau D_m \delta_{ij} \tag{4.7}$$

$$R = 1 + \frac{\rho_d}{\theta} \cdot \frac{KS_{\mathrm{max}}}{(1 + Kc)^2} \tag{4.8}$$

として与えられます。ここで，α_L：縦分散長 (m)，α_T：横分散長 (m)，v：間隙内流速 (m/s)，τ：屈曲率 (m/m)，D_m：水中の分子拡散係数，K：吸着の強さを表すパラメータ ($\mathrm{m^3/mol}$)，S_{max}：最大吸着量 (mol/kg)，δ_{ij}：クロネッカーデルタです。

式 (4.6) の右辺にある化学物質の反応量 j は，ここでは廃棄物からの化学物質の溶出速度を意味し，溶出試験等の結果を直接引用するのであれば，一定の値または時間の関数として与えることが想定されます。したがって，式 (4.6) の未知数は濃度 c となり，この移流分散方程式を解くことで解析空間内の濃度分布が求まります。

4.2.3　飽和濃度を考慮した溶出速度式

リサイクル製品からの化学物質の溶出量を，物質移動を表す移流分散方程式に組み込むことを考えてみましょう。反応量 j はシリアルバッチ溶出試験によって決まる式 (3.6) によって与えることができますが，間隙水中には溶出できる限界量があります。これを数式で表現できないと，化学物質の制約を無視して無尽蔵な溶出を続ける場合があります。例えば，リサイクル材からアルカリが溶出することを考えると，溶出することで間隙水の pH は高くなりますが，何かしらの制約を与えないと pH は 14 を超えるどころか，溶出が続く限り際限なく高くなってしまいます。

溶出を止める閾値を設定します。ここでは，例えば飽和濃度 c_{max} を定義します。間隙水中の濃度が当該化学物質の飽和濃度未満であれば溶出し，すでに間隙水が飽和濃度に達している場合には溶出できない，このような条件を組み込むことでより現実的な溶出を表現できます。数式で表すと，

$$j = \begin{cases} K{t_{\mathrm{cum}}}^{-a} & \text{for } c/c_{\mathrm{max}} < 1 \\ 0 & \text{for } c/c_{\mathrm{max}} = 1 \end{cases} \tag{4.9}$$

ここで，累積溶出時間 t_{cum} は

$$\frac{\partial t_{\mathrm{cum}}}{\partial t} = \begin{cases} 1 & \text{for } c/c_{\mathrm{max}} < 1 \\ 0 & \text{for } c/c_{\mathrm{max}} = 1 \end{cases} \tag{4.10}$$

となります。溶出は通常リサイクル製品の内外の濃度差に起因して生じるもので，溶出を続けることで，リサイクル製品の表面がある飽和濃度に達したとき溶出は一時的に停止します。しかし，清浄な雨水や地下水などによって洗い流されてリサイクル製品表面の濃度が低下した場合には，再び溶出が始まります。このように，リサイクル製品表面の濃度が飽和濃度に達しているのか否かを調べることで，溶出が継続するのか，それとも溶出は維持知的に停止するのかを判断できます。

このようなスイッチングを表現する方法はいくつかあります。自分自身でプログラムコードを作成する場合には，単純にIF関数で処理を分岐させることができます。市販の数値解析ソフトウェア（例えば，COMSOL Multiphysics）では独自の組込関数としてIF関数のようなものが準備されている場合もあります。またユーザー指定の組込関数を定義できるようであれば，ヘヴィサイド関数やロジスティック関数などを用いて数学的にスイッチングを表現することも可能です。

4.3 計算事例

あるリサイクル製品を盛土用途として有効利用した場合の，リサイクル製品から溶出するアルカリとカルシウムについて近隣環境に及ぼす影響を検討した事例を紹介します。

4.3.1 目的

図4.2のようにリサイクル製品の盛土を行った状況を解析空間とします。地表面と盛土表面は降雨に曝されている状況を想定します。また，地表面から深度4.5 mの位置には地下水面があり，解析空間の右端から左端の方向へ動水勾配1/100で地下水が流れていると仮定します。

リサイクル製品が降雨に曝されると，リサイクル製品中の化学物質が雨

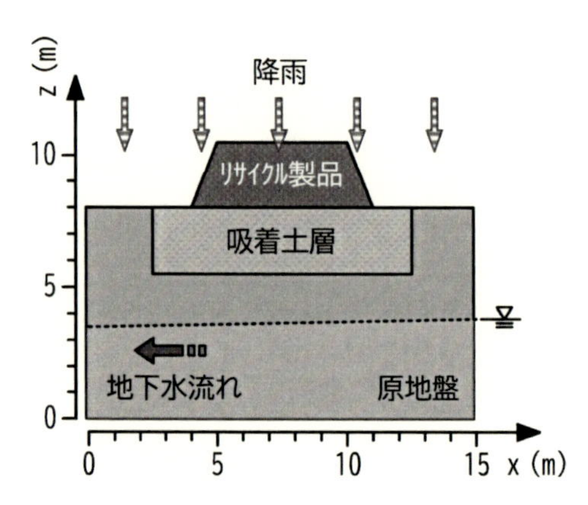

図 4.2　化学物質溶出シミュレーションのための解析空間

滴に溶出し，その雨滴は地盤内へと浸透します。その挙動を予測するとともに，その拡散を防止するための対策として，リサイクル製品の下に吸着土層を設置することの効果を調べてみましょう。

評価対象とする化学物質はリサイクル製品に含まれる水酸化物イオン(OH) とします。リサイクル製品には，先に述べたように廃棄コンクリートやスラグ，石炭灰があり，これらにはカルシウムが多く含まれています。リサイクル製品中ではこのカルシウムは酸化物または水酸化物として存在し，リサイクル製品内で固化反応が生じ強度を高めるというメリットを与えますが，降雨等の水に触れると水酸化物イオンが形成されアルカリ性になり，その水が地中を拡散することで周辺の地盤環境がアルカリ性になる恐れがあります。

アルカリ性は一概に悪いわけではありません。事実，土壌環境基準には pH に係る規制は設けられていません。しかし，近くにアルカリに弱い植物や水生生物が生息していたり，腐食劣化を生ずるような鉄管が埋設されたりしている場合には注意しなければなりません。また無害であっても，後述の図 4.5 のように景観上の変化が現れる場合もあります。リサイクル製品を利用しようとする先の環境条件に適合するのかを丁寧に調べる必要があります。

4.3.2　計算条件

初期条件は降雨前を想定し，地下水面の位置を基準とする静水圧を地盤中の初期水圧分布として与えます。間隙水中の水酸化物イオンの初期濃度には，pH = 7 を仮定して 10^{-4} mol/m^3 とします。なお，水酸化物イオンの比較対象としてカルシウムイオンについても計算対象とし，その初期濃度はゼロにします。

境界条件は，解析空間の左端と右端では図中の所定位置に地下水面をもつ圧力固定条件を，盛土を含む地表面では年間降雨量 600 mm/yr となる流速固定条件を与えます。濃度に関しては，解析空間の左端および盛土を含む地表面は濃度勾配ゼロ条件とし，右端は pH = 7 の清浄な地下水が流入することを想定して 10^{-4} mol/m^3 の条件を与えます。

計算は Case 1 と Case 2 の 2 通りの条件を実施します。前者では地盤上に直接リサイクル製品を盛土した場合，後者は地盤の一部を吸着土層に置き換えてその上にリサイクル製品を盛土した場合を想定します。リサイクル製品からの化学物質の拡散防止対策としての吸着土層の効果を調べます。

計算条件を表 4.1 に整理しました。年間降雨量を 600 mm，縦分散長を 1 m，横分散長 0.1 m，実効拡散係数（屈曲率と拡散係数の積）を 3×10^{-10}m^2/s とします。透水係数は原地盤で 1×10^{-4} m/s，吸着土層で 1×10^{-6} m/s，リサイクル製品で 1×10^{-5} m/s とし，間隙率はいずれの材料においても 0.3 とします。リサイクル製品からの化学物質溶出パラメータは，水酸化物イオンの場合で $K = 0.042$ と $a = 1.30$ を用い，カルシウムイオンの場合で $K = 0.025$ と $a = 1.18$ を用います。これらはシリアルバッチ試験より決定した値です(図 4.3)。また吸着土層の最大吸着量は 2.11 mol/kg を与え，これはアルカリ水を供与液として用いた吸着試験によって決定した値になります(図 4.4)。

表 4.1　アルカリ水の地盤内移行解析に用いたパラメータ

	単位	原地盤	吸着土層	リサイクル製品
透水係数 k_w	m/s	1×10^{-4}	1×10^{-6}	1×10^{-5}
間隙率 ϕ	1	0.3	0.3	0.3
VGパラメータα	1/m	18.4	3.01	7.45
VGパラメータ n	1	2.67	1.26	1.51
乾燥密度 ρ_d	kg/m^3	1,800	1,200	2,200
縦分散長α_L	m	1	1	1
横分散長α_T	m	0.1	0.1	0.1
屈曲率 τ	1	0.3	0.3	0.3
分子拡散係数 D_m	m^2/s	1×10^{-9}	1×10^{-9}	1×10^{-9}
吸着エネルギー K	m^3/mol	---	0.69	---
最大吸着量 S_{max}	mol/kg	---	2.11	---
OH溶出パラメータ K	---	---	---	0.042 [1)]
OH溶出パラメータ a	1	---	---	1.30
Ca溶出パラメータ K	---	---	---	0.025 [1)]
Ca溶出パラメータ a	1	---	---	1.18

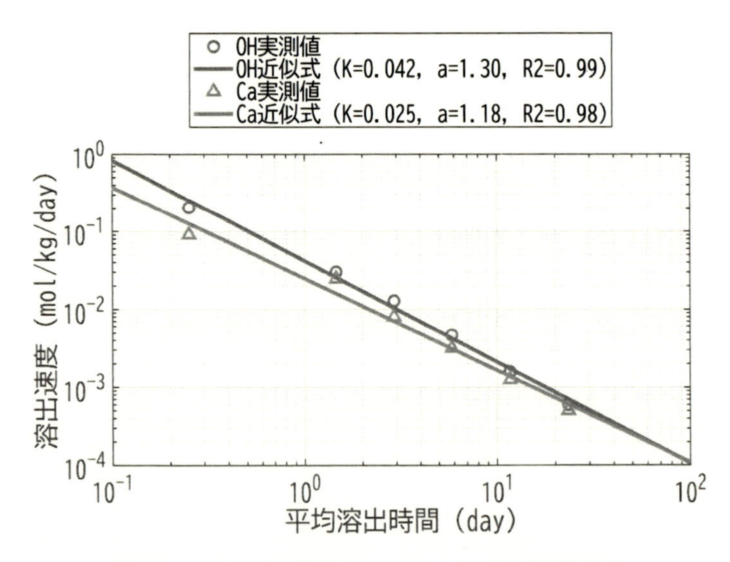

図 4.3　リサイクル製品のシリアルバッチ溶出試験結果

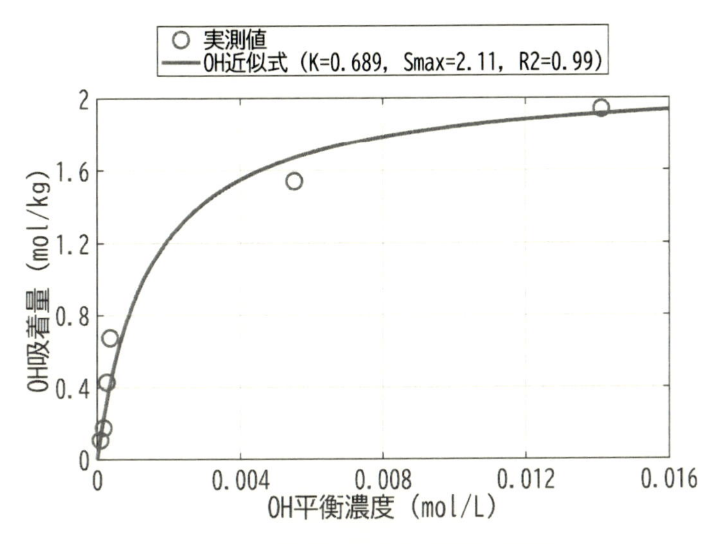

図 4.4　吸着土層のアルカリ吸着試験結果

4.3.3　計算結果

表 4.2 と表 4.3 に計算結果を示します。これらは式 (4.1)～式 (4.10) までの方程式をコンピュータによって数値計算し，その解をコンターマップとして表現したものです。解析空間内の土壌水分量と化学物質濃度をそれぞれ濃淡で表現し，色が薄いほど量は少なく，色が濃いほど量は多いことを示しています。リサイクル製品を盛土に使用した直後（初期状態）から 3 年後まで時間変化を示しています。

表 4.2 は，Case 1，すなわちリサイクル利用時に吸着土層を併用しない場合の計算結果です。初期状態では，体積含水率分布を見ると地下水面下では土は飽和状態であるため体積含水率は 0.3 で一定の値を示しますが，地下水面より地表面に向かうにつれて体積含水率は少なくなります。土は毛管作用と呼ばれる水を間隙中に吸い上げる力をもつため，地下水面近傍では毛管作用によって水を吸い上げることで体積含水率は高くなりますが，地表面に近くなるにつれて毛管作用が生じても吸い上げるための水分がないので体積含水率は低くなります。

盛土から 1 か月以降では雨に曝されることで，雨水が表面から浸透する様子がシミュレーションされています。また盛土の法尻には水が集まりやすいことから，法尻部分から先に体積含水率が増加し，地盤内への浸透が進むにつれて地盤内の含水率も追随して増加していきます。化学物質の指標であるpHはリサイクル製品を使用した盛土内から溶出し，それが雨水の流れとともに地盤内に輸送され，地下水面に到達すると地下水流れに沿って水平移動することがシミュレーションされています。pHの方が広範囲に影響を及んでいることが分かりますが，これはpHが水素イオン濃度（または水酸化物イオン濃度）の対数で与えられるためです。水素イオンまたは水酸化物イオン濃度の微妙な変化であってもpH環境には著しい影響を与えるため，その環境安全性評価には特に慎重にならなければならないとも言えるでしょう。

一方表4.3は，Case 2，すなわちリサイクル製品から溶出するアルカリを拡散防止するために吸着土層を敷設した場合の計算結果です。もともと土壌はpHを中和するための緩衝作用をもっていますが，なかでも関東ローム土や黒ぼく土は優れた緩衝作用をもつと言われています。こうした土を吸着土層の一部に用いることがアルカリの拡散防止に効果的に寄与していることが分かります。ただし，こうした吸着効果が高い土は往々にして粒径の小さな粘性土に多く見られます。粘性土は透水係数が低いため，アルカリ水が粘性土を迂回するように流れて流出してしまう恐れがありますので，周辺地盤の透水係数との兼ね合いは重要です。どこに物質が流れるのかを浸透流解析の流線から確認できることも，数値シミュレーションの有効性のひとつと言えるでしょう。

表 4.2 リサイクル製品を地盤表面に直接盛土した場合 (Case 1)

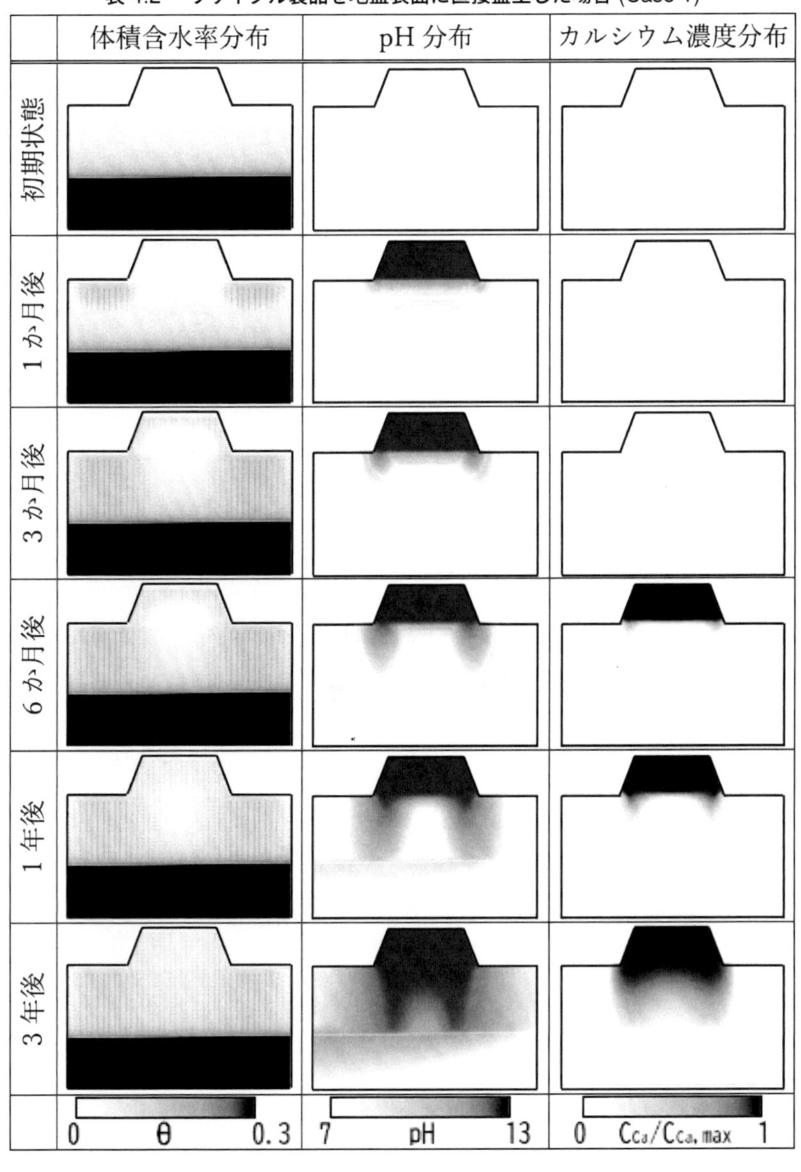

表 4.3　リサイクル製品を吸着土層の上に盛土した場合（Case 2）

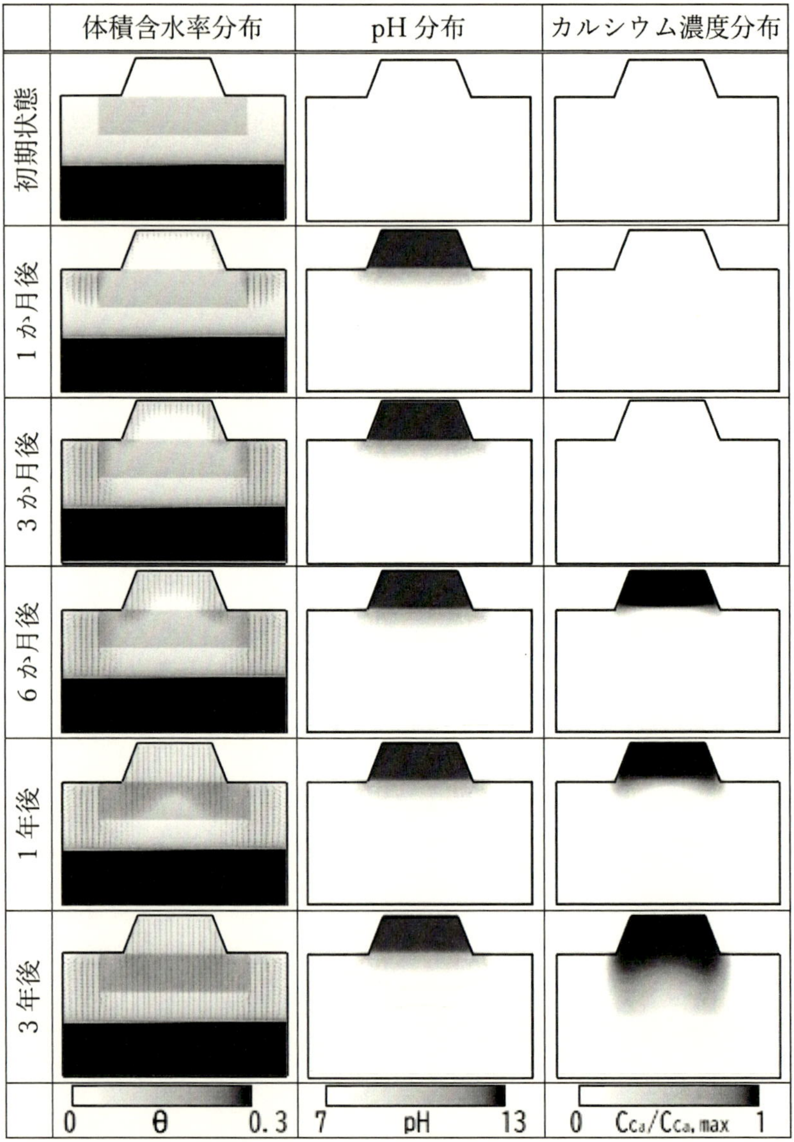

	体積含水率分布	pH 分布	カルシウム濃度分布
初期状態			
1 か月後			
3 か月後			
6 か月後			
1 年後			
3 年後			
	0　θ　0.3	7　pH　13	0　$C_{Ca}/C_{Ca,max}$　1

4.3.4 地表面に残存する化学物質の形態

地表面は特に人々の目に触れやすいため，景観上に変化が生じますと，たちまち不安を感じることでしょう。表 4.2 と表 4.3 のような計算結果を一助とすることで，大局的には再生製品を安全に利用するための術を示すことができます。しかし，地表面の性状について変化するか否かをあらかじめ議論しておくことも大切です。地表面に生じ得る変化には，表面浸食，法面崩壊，不同沈下，軟弱化または硬化等が考えられます。これらは材料の不均質性から起因して局所的に生ずる現象であるため，正確な予測は難しいところですが，ここではひとつの事例を紹介し，原因と対策を考えてみたいと思います。

図 4.5 は，ある事業者が副産物を自社内で試験的に用いたときの写真です。強度に優れる特徴を活かすことで土木材料としてのリサイクル製品化を見込んでおり，都道府県の示す品質条件は満たすものの，現場における施工要件を調べるために試験施工を行っていました。しかし試験施工から数年経過した時点で白い析出物が目立つようになりました。こういった場合には，原因究明を行って対策案を施工マニュアルに反映させる必要があります。

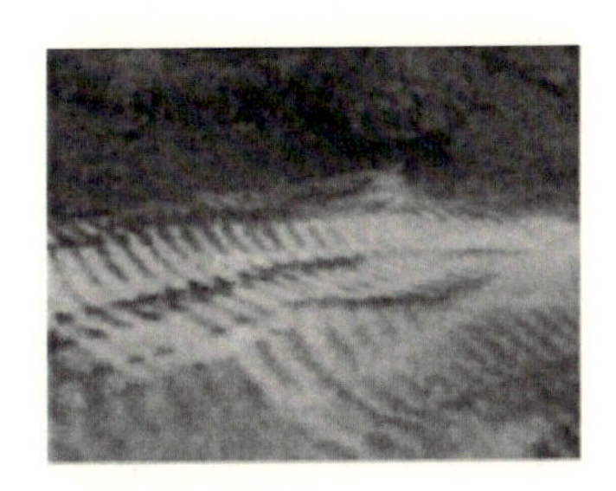

図 4.5　試験施工後に見られた景観上の変化

原因究明の方法にはいくつか考えられますが，最も確実なのは白い析出物を採取し化学分析に供することでしょう。当該現場の細かな情報は著者ら自身も分からないので，白い析出物が炭酸カルシウム ($CaCO_3$) でないかと仮説を立てました。理由は，(a) リサイクル製品から溶出する化学物質のなかでも水酸化物イオンとカルシウムイオンが顕著に多いこと，(b) 溶出した水酸化物イオンは高い pH をもつ水となること，(c) 大気中の二酸化炭素は水に溶解し pH が高いほど二酸化炭素の溶解量が増えること，(d) 水中のカルシウムイオンと炭酸イオンが結合すると白い析出物が形成し得ること，が挙げられます。

さて第 1 章で紹介しました WEB-PHREEQ で検証してみましょう。WEB-PHREEQ のホームページにアクセスすると，図 1.1 に示した初期画面が立ち上がります。ここで，計算に係る条件の入力方法とデータベースを表 4.4 のように設定します。項目のうち 1 番目の入力方法と，3 番目のデータベースの種類をデフォルトから変更します。入力方法には「Advanced speciation」を設定することで，化学物質の溶解度等の制約によって溶け残りが発生するのかを調べるための条件を与えられるようになります。データベースの種類には「MINTEQ」を設定しています。これはここでの考察対象となる白い析出物（炭酸カルシウム）が発生し得るか否かを調べるために適したデータベースであるからです。データベースにはさまざまありますが，それぞれにおいて記録している化学反応式が異なりますので目的に適したものを選択します。

表 4.4　WEB-PHREEQ の Step 1 に与える条件

設定項目	設定値	参考：デフォルト値
入力方法	Advanced speciation	Simple speciation
溶液の種類	A single solution	A single solution
データベースの種類	MINTEQ	PHREEQC

なお，データベースにある PHREEQC は計算可能な化学物質や水溶液の対象が少なめです。ただし化学反応後の水溶液について電気伝導率を推算できる等，計算結果に対するイメージを深めたり，検証のために便利な指標を出力できたりする特徴があります。MINTEQ と WATEQ4F は PHREEQC よりも専門的です。一般には，MINTEQ は鉱物，気体，水溶液，反応を扱うためのセッティングがなされています [1]。特に鉱物の

溶解/沈殿，錯体形成，酸化還元反応を解析する場合にはよく利用されるデータベースであり，一方 WATEQ4F は自然な環境条件にある水を詳細解析するときに用いるデータベースとして知られています [2]。

WEB-PHREEQ のホームページ上にある Step 1 の条件設定を終えたら，その下部にある「Continue」ボタンを押します。すると次のページが立ち上がり，Step 2 と Step 3 の設定を行う画面になります。Step 2 では化学反応に係る設定を行います。反応前の溶液の条件，反応させる条件を与えるために，化学物質の種類や量を指定します。ここでの計算目的は，図 4.5 の現象の原因として推測したように，リサイクル製品から発生したアルカリ性の水酸化カルシウム水溶液が，大気中の二酸化炭素によって，炭酸カルシウムが析出し得るのかを調べることです。具体的には表 4.5 のような条件を指定します。

表 4.5　WEB-PHREEQ の Step 2 に与える条件

設定項目	設定値	説明
pH	7	反応前の液体は純水を仮定し pH = 7 とする
Log P_{CO2}	-3.39	液体は大気中の二酸化炭素に触れている
Phase 1	Portlandite	用意した液体に水酸化カルシウムを溶かす
SI	-10 ～ 0	水酸化カルシウムを溶かす量を指定します

表 4.5 の設定値について解説します。まず反応前の液体として純水を想定し，中性を表現するために pH を「7」にします。またこの液体は，常に大気中の二酸化炭素と触れていて，二酸化炭素が液体に溶けて炭酸イオンの供給源となっていることを表現するために，大気中の二酸化炭素の濃度を指定します。大気中の二酸化炭素濃度は 410 ppm であり，大気中に占める割合は 0.041 % となります。P_{CO2} とは，大気中に占める存在割合を分圧で表現したパラメータであり，その値は同じく 0.041 % になり，その常用対数値は log (0.00041) = -3.3872 となります。したがって Log P_{CO2} には「-3.39」を指定しました。

次に，用意した液体に対して水酸化カルシウム（固体）を入れて，水酸化カルシウム水溶液を作製します。Phase 1 に設定した「Portlandite」は固体の水酸化カルシウムを表しています。Portlandite を溶かし込む量は SI で指定し，ここでは「-10」，「-8」，「-6」，「-4」，「-2」または「0」のいずれかを入力し，6 通りの計算を試みてみます。SI (Saturation Index) は飽和指数と呼ばれ，溶液に対して化学物質が溶け得る最大量に対して，どれだけの化学物質を溶かすのかを比率で表しており，その比率を常用対数で示したものです。SI がゼロのときは溶け得る最大量まで Portlandite を溶かす条件であり，SI をマイナス方向に設定すれば Portlandite の添加量は少なくなることを意味します。なお，SI がゼロ以上のプラスの値を示す場合には溶け残りがあり，沈殿物として析出していることを表します。

以上を入力して，最後の Step 3 では表 4.6 のような条件を指定します。その後，ページ最下部にある「Continue」を押すことで計算が始まります。すると瞬時に図 1.3 のような計算結果が Web ページに表示されるでしょう。

表 4.6　WEB-PHREEQ の Step3 に与える条件

設定項目	設定値	参考：デフォルト値
出力方法	Full Output	Input File

表 4.7 は計算結果を整理したものです。アルカリ水を作製するために，純水に水酸化カルシウム (Portlandite) を添加したときの量を飽和指数として-12 から 0 まで変化させました。このときに作製される水溶液の，pH と二酸化炭素ガスの溶解量，その水中での化学形態（$CaCO_3$，CO_3^{2-}，$CaHCO_3^+$，HCO_3^-，H_2CO_3 の存在割合)，および炭酸カルシウムの析出を飽和指数で整理しました。炭酸カルシウムには Aragonite と Calcite の 2 つの鉱物形態がありますので，それぞれに対して計算された飽和指数を載せています。

表 4.7 水酸化カルシウムと二酸化炭素ガスによる炭酸カルシウムの生成

条件	計算結果								
$SI_{Portlandite, Ca(OH)2}$	pH	CO_2溶解量（mg C/L）	$CaCO_3$(%)	CO_3^{2-}(%)	$CaHCO_3^+$(%)	HCO_3^-(%)	H_2CO_3(%)	$SI_{Aragonite, CaCO3}$	$SI_{Calcite CaCO3}$
−12	7.406	0.0001	0.0	0.1	0.1	91.8	8.0	−2.5	−2.4
−10	8.080	0.0008	0.2	0.6	0.3	97.1	1.8	−0.5	−0.4
−8	8.758	0.0041	4.6	3.1	1.4	90.6	0.3	1.5	1.6
−6	9.427	0.0435	43.1	9.5	3.0	44.3	0.0	3.5	3.6
−4	10.014	1.9556	86.2	7.1	2.2	4.5	0.0	5.5	5.6
−2	10.852	8.4843	94.6	4.6	0.5	0.4	0.0	6.3	6.4
0	11.463	8.4758	95.2	4.6	0.1	0.1	0.0	6.3	6.4

計算結果を見ると，水酸化カルシウムの添加量が大きくなるにつれて（Portlanditeの飽和指数が大きくなるにつれて），水溶液のpHは7.406から11.463まで上昇しアルカリ性になったことが確認されます。同時に二酸化炭素ガスの溶解量をみると，水溶液がアルカリ性になりpH = 10を超えてから溶解量が急激に増加していることが分かります。このとき溶解した炭酸イオンがどのような化学形態をとっているかを見ると，CO_3^{2-}として存在し，そのほとんどが水酸化カルシウム由来のカルシウムと結合し，炭酸カルシウムを形成していることが分かります。pH = 10を超えると二酸化炭素ガスの溶解が進むけれども，水中にカルシウムが多量に存在すると，86.2% 以上の炭酸イオンがカルシウムと結合することが分かります。

実際に析出するか否かは，飽和指数を見ます。飽和指数が正のとき理論上析出していることを示し，飽和指数が負のときは析出しないことを意味します。MINTEQのデータベースから，炭酸カルシウムが析出したときの鉱物形態はAragoniteまたはCalciteのいずれかであることが示されましたが，本計算から求められた飽和指数には大きな違いはないので，判別は難しいと考えられます。一般的には，飽和指数が小さいものから優先して析出するので，この場合では Aragonite が析出している可能性が高いと数値上では示唆されます。

このようにカルシウムとアルカリを多くもつリサイクル製品を陸域用途で用いた場合，降雨に曝されたとき，地表面には炭酸カルシウムが析出し白くなり得ることがシミュレーションから評価できました。

4.4　結び

リサイクル製品は，製品自体の品質は各都道府県が定めた基準を満足するような枠組みで許認可が得られていますが，実際にリサイクル製品を土木工事で使用したときの環境安全性を担保するものではありません。なぜならば，環境安全性はリサイクル製品を用いる先での気候や地盤などの条件に依存する他，リサイクル製品の使用量や施工方法，また対策工の有無や詳細によって左右されるためです。そのため，施工主はリサイクル製品を用いた土木工事が環境安全性を満たすように計画する必要がありますし，同時にその環境安全性を行政や近隣住民に分かりやすく説明する義務があります。

本章では，環境安全性の考え方について述べました。陸上でリサイクル製品を用いた場合の例として，断面二次元条件下における浸透流方程式と移流分散方程式を用いたコンピュータシミュレーションによって周辺環境に及ぼす影響を調べました。コンピュータシミュレーションの特長は，リサイクル製品の種類（物理的な特性や化学的な性質）や使用量，また吸着土層のみならず表面遮水工や排水促進工等の対策を，現地での状況を考慮して環境安全性の評価ができる点にあります。また，評価結果を定量的に可視化できますので，第三者への説明力を向上する点でも有効です。

ここで紹介した考え方はひとつの例です。新しい化学物質に対する環境安全性が求められる場合には，その物質の溶出特性や吸着特性を正しく表現するための試験方法やモデルが求められます。また，現地での環境安全性をより高めるための新しい前処理や対策工がある場合には，それらを表現したモデルを組み込んでシミュレーションすることも可能になります。

参考文献

[1] Gustafsson, J. P.: Visual MINTEQ ver. 3.1
https://vminteq.com/（2024 年 10 月 7 日参照）

[2] USGS: WATTEQ4F
https://wwwbrr.cr.usgs.gov/projects/GWC_chemtherm/software.htm（2024 年 10 月 7 日参照）

第5章

海水環境中における安全性評価

高い濃度を扱う場合には，化学物質の相互作用を考慮することで，より現実に近づけたシミュレーションを行うことができます。前章で紹介したリサイクル製品の盛土利用では，地表近くでアルカリとカルシウム，および二酸化炭素ガスが重なることで白い析出物が発生する可能性を探りました。こうした化学反応を考慮した環境安全性の評価事例として，一般環境ではなく，海水環境中にリサイクル製品を用いた場合について紹介します。

5.1　化学反応を考慮する必要性

第2章に示した浸透流方程式や移流分散方程式は，環境中での流体や化学物質の動きを調べるための手法（物質移行シミュレーション）です。化学物質はその輸送のなかで周りの別の化学物質との相互作用を受けます。その相互作用が強い場合には，輸送挙動にも著しい影響を及ぼすことがあります。その代表的なものが第3章に示した吸脱着反応です。

化学反応を忠実に計算するのはそれなりの計算負荷が生じる場合があります。第1章で紹介したWEB-PHREEQは物質移行を伴わない系（ビーカー内での均一な化学反応を想像されるとよいと思います）を基本とするため大きな計算負荷はかからないので，Web上で提供しても十分なパフォーマンスを発揮することができます。WEB-PHREEQでは一次元の物質移行を伴いながらの化学反応計算も可能ですが，計算時間は長くなります。

物質移行シミュレーションが二次元や三次元になると，計算負荷が高くなるのは容易に想像できるでしょう。それに化学反応計算を加えるとどうなるでしょうか？　化学反応計算では，反応に係るすべての化学物質の形態を考慮する必要があるので，濃度計算を担う移流分散方程式の未知数が化学物質の種類に応じて増えていきます。例えば表3.6にある18種類の化学反応を考慮する場合では，表中に示される化学物質の種類は26個になります（3.3.5項の計算事例では27個と説明していますが，これは表3.6中に含まれない非反応の塩化物イオンも計算対象としてカウントしているためです)。そのため，26 個の未知数をもつ移流分散方程式を同時に解かなければならなくなりますので，一般的なユーザーにとっては手を出せないほどの計算負荷になります。

前章の表 4.3 で，物質移行シミュレーションに対して吸脱着反応の影響は顕著であることを述べました。吸脱着反応も化学反応式として扱い計算できますが，前章では反応式に基づいて解くのではなく，分配係数といった工学的なパラメータを導入することで計算を単純化しました（3.2 節を参照)。吸脱着反応による移動の遅れを分配係数（遅延係数）で表現することで，計算対象とする化学物質の成分ひとつのみに縮減した移流分散方程式を立式しています。未知数がひとつなので，誰でも扱いやすい吸脱着反応を伴った物質移行シミュレーションが実現されています。

しかし，複雑な系になるほど計算の単純化は難しくなります。場合によっては物質移行シミュレーションと化学反応計算を連成して解かなければならない場合もあります。次節以降では表 3.6 中に示した化学反応式を取り上げ，リサイクル製品を海水環境で用いたときの環境安全性評価を事例に，その手法と結果について述べます。

5.2　基礎方程式

化学反応の扱いには，速度論，または平衡論の 2 通りがあります。

速度論は着目する化学物質の生成速度（または消費速度）を移流分散方程式の反応項に代入するので立式は容易です。また化学反応に伴う時間的変化は，適切な初期値を与えることができれば計算の収束性も高いので，単純な計算処理という面では優位だと考えられます。しかし速度論は，反応前から反応後に至る過程を化学反応式で表現したときに，順方向の反応速度定数と逆方向の反応速度定数の 2 つのパラメータが必要になるので，これらの数値をどのように得るのかが難しいところです。

一方平衡論とは，順方向と逆方向の反応速度が等しくなったとき（反応が定常状態になったとき）の濃度分配を求めるもので，計算に必要なパラメータは濃度分配を与えるための平衡定数ひとつで済む特徴があります。

ただし，物質移行の時間変化を計算するための移流分散方程式に対して，どのように平衡状態の化学反応を組み入れるのかが難しいところです。

以下では化学平衡を考慮した基礎方程式の定式化を説明します。まず単純化された対象を仮定して計算の仕組みを説明した後に，最後に一般化した基礎方程式の形を示します。なお，ここでは流れ場は既知であるものと仮定して，移流分散方程式についてのみ記述します。

5.2.1　2 変数の場合

化学反応式の扱い

次のような化学物質 A と化学物質 B の間で生じる化学反応を考えます。

$$\mathrm{A} \underset{k^{\mathrm{r}}}{\overset{k^{\mathrm{f}}}{\Longleftrightarrow}} \mathrm{B} \tag{5.1}$$

このときの反応速度は，次のように表されます。

$$r = k^{\mathrm{f}} c_{\mathrm{A}} - k^{\mathrm{r}} c_{\mathrm{B}} \tag{5.2}$$

ここで，r：式 (5.1) の化学反応に関する速度 (mol/m^3/s)，c_{A}：化学物質 A の濃度 (mol/m^3)，c_{B}：化学物質 B の濃度 (mol/m^3)，k^{f}：順方向の速度定数 (1/s)，k^{r}：逆方向の速度定数 (1/s) です。したがって，化学物質 A から見た消費速度と，化学物質 B から見たときの生成速度は次のようになります。

$$R_{\mathrm{A}} = -\left(k^{\mathrm{f}} c_{\mathrm{A}} - k^{\mathrm{r}} c_{\mathrm{B}}\right) = -r \tag{5.3}$$

$$R_{\mathrm{B}} = k^{\mathrm{f}} c_{\mathrm{A}} - k^{\mathrm{r}} c_{\mathrm{B}} = r \tag{5.4}$$

R_{A}：化学物質 A の生成速度 (mol/m^3/s)，R_{B}：化学物質 B の生成速度 (mol/m^3/s) です。パラメータ R_{A}，R_{B} は化学物質に着目したときの生成または消費に係る反応速度であり，パラメータ r は化学反応式の進行速度を表すものです。今回対象にした化学反応が式 (5.1) のように単純であるため，R_{A}，R_{B}，r の違いが分かりにくいので注意してください。なお，次項で挙げる例では，違いが明確に分かると思います。

次に，本題の平衡状態について考えます。平衡状態とは，反応速度が $r = 0$ であるとき（順方向速度と逆方向速度が等しいとき）です。したがって，式 (5.2) から平衡状態では次の制約があることが分かります。

$$k^f c_\mathrm{A} = k^r c_\mathrm{B} \tag{5.5}$$

速度定数の比は平衡定数と定義されていますので，次式が成立します。

$$K_\mathrm{eq} \equiv \frac{k^f}{k^r} = \frac{c_\mathrm{B}}{c_\mathrm{A}} \tag{5.6}$$

物質輸送方程式の扱い

物質移行シミュレーションについて考えます。多孔質媒体内では移流分散方程式が基礎方程式となります。化学物質 A と化学物質 B に対してそれぞれ立式する（質量保存則を考える）必要があるので，

$$\theta \frac{\partial c_\mathrm{A}}{\partial t} + \nabla \cdot (-\theta D \nabla c_\mathrm{A}) + u \nabla c_\mathrm{A} = \theta R_\mathrm{A} = -\theta r \tag{5.7}$$

$$\theta \frac{\partial c_\mathrm{B}}{\partial t} + \nabla \cdot (-\theta D \nabla c_\mathrm{B}) + u \nabla c_\mathrm{B} = \theta R_\mathrm{B} = \theta r \tag{5.8}$$

となります。分子拡散係数は化学物質の種類にかかわらず仮定しています。

さて，ここで化学平衡を考慮します。式 (5.6) が制約条件となります。しかし，方程式は式 (5.6)〜式 (5.8) の 3 つに対して未知数が濃度 c_A と c_B の 2 つなので解くことはできません。そこで方程式の数をひとつ減らすために，式 (5.6) と式 (5.7) を一体化させます。

式 (5.6) と式 (5.7) の右辺にある反応速度 r は，化学平衡状態を仮定する場合，モデリングの上では与える必要のないパラメータです。そのため両式から反応速度を削除しひとつの式にまとめることができます。具体的には，式 (5.6) または式 (5.7) のいずれかを $r = \ldots$ の形に変形し，もう一方の式にある反応速度に代入します。すると

$$\theta \frac{\partial (c_\mathrm{A} + c_\mathrm{B})}{\partial t} + \nabla \cdot [-\theta D \nabla (c_\mathrm{A} + c_\mathrm{B})] + u \nabla (c_\mathrm{A} + c_\mathrm{B}) = 0 \tag{5.9}$$

$$K_\mathrm{eq} = \frac{c_\mathrm{B}}{c_\mathrm{A}} \tag{5.10}$$

のように，方程式2つに対して未知数2つにすることができます。これらが基礎方程式となり，連立して解くことで化学平衡を考慮した物質移動シミュレーションが実現します。

なお，平衡定数 K_{eq} はユーザーが計算に与える入力条件であり既知量とします。第1章で紹介したWEB-PHREEQには各種化学反応に係る平衡定数をまとめたデータベースが含まれていますので，それを参照して平衡定数の数値を拾うこともできます。

5.2.2　3変数の場合

次は，定式化に与える化学両論係数の影響を見ていきます。次のような2つの化学反応式を仮定します。

$$\mathrm{A} \underset{k_1^{\mathrm{r}}}{\overset{k_1^{\mathrm{f}}}{\Longleftrightarrow}} \mathrm{B} \tag{5.11}$$

$$\mathrm{A} + 2\mathrm{B} \underset{k_2^{\mathrm{r}}}{\overset{k_2^{\mathrm{f}}}{\Longleftrightarrow}} \mathrm{C} \tag{5.12}$$

ここでの特徴は，化学物質Cを1 mol生成するには，化学物質Aが1 molと，化学物質Bが2 mol必要になるという点です。化学反応式上の係数を化学両論係数と呼びます。

これまでと同じ流れで考えていきます。各反応式の反応速度は

$$r_1 = k_1^{\mathrm{f}} c_{\mathrm{A}} - k_1^{\mathrm{r}} c_{\mathrm{B}} \tag{5.13}$$

$$r_2 = k_2^{\mathrm{f}} c_{\mathrm{A}} {c_{\mathrm{B}}}^2 - k_2^{\mathrm{r}} c_{\mathrm{C}} \tag{5.14}$$

となります。r_1：式(5.11)に示す第一化学反応式の反応速度(mol/m^3/s)，r_2：式(5.12)に示す第二化学反応式の反応速度(mol/m^3/s)，c_{A}～c_{C}：化学物質A，B，またはCの濃度(mol/m^3)，k_1^{f}：第一化学反応式における順方向の速度定数(1/s)，k_1^{r}：第一化学反応式における逆方向の速度定数(1/s)，k_2^{f}：第二化学反応式における順方向の速度定数(m^2/mol^2/s)，k_2^{r}：第二化学反応式における逆方向の速度定

数 (1/s) です。また，それぞれの化学反応が平衡状態にあるとき，次式が成立します。

$$K_{\mathrm{eq},1} \equiv \frac{k_1^{\mathrm{f}}}{k_1^{\mathrm{r}}} = \frac{c_{\mathrm{B}}}{c_{\mathrm{A}}} \tag{5.15}$$

$$K_{\mathrm{eq},2} \equiv \frac{k_2^{\mathrm{f}}}{k_2^{\mathrm{r}}} = \frac{c_{\mathrm{C}}}{c_{\mathrm{A}} {c_{\mathrm{B}}}^2} \tag{5.16}$$

したがって，化学物質 A～C の生成速度 (mol/m^3/s) は，

$$R_{\mathrm{A}} = -r_1 - r_2 \tag{5.17}$$

$$R_{\mathrm{B}} = r_1 - 2r_2 \tag{5.18}$$

$$R_{\mathrm{C}} = r_2 \tag{5.19}$$

となります。

一方で，物質移行シミュレーションを考えると，化学物質 A，B，C の移流分散方程式はそれぞれ下記のとおりとなります。

$$\theta \frac{\partial c_{\mathrm{A}}}{\partial t} + \nabla \cdot (-\theta D \nabla c_{\mathrm{A}}) + u \nabla c_{\mathrm{A}} = \theta R_{\mathrm{A}} = \theta (-r_1 - r_2) \tag{5.20}$$

$$\theta \frac{\partial c_{\mathrm{B}}}{\partial t} + \nabla \cdot (-\theta D \nabla c_{\mathrm{B}}) + u \nabla c_{\mathrm{B}} = \theta R_{\mathrm{B}} = \theta (r_1 - 2r_2) \tag{5.21}$$

$$\theta \frac{\partial c_{\mathrm{C}}}{\partial t} + \nabla \cdot (-\theta D \nabla c_{\mathrm{C}}) + u \nabla c_{\mathrm{C}} = \theta R_{\mathrm{C}} = \theta r_2 \tag{5.22}$$

未知数は各化学物質の濃度である c_{A}，c_{B}，c_{C} の 3 つです。各物質間には式 (5.15) と式 (5.16) にある 2 つの制約条件があります。このままでは条件の数は式 (5.15) と式 (5.16)，および式 (5.20)～式 (5.22) までの 5 つになります。条件式（方程式）の数と未知数の数は同じでなければならないので，式 (5.20)～式 (5.22) をひとつの方程式に統合することを考えます。

前述のとおり平衡条件下では反応速度に係るパラメータ r_1，r_2 は不要になります。これらを消すために，式 (5.20) と式 (5.21)，および両辺を 3 倍した式 (5.22) を足し込みます。すると

$$\theta \frac{\partial (c_{\mathrm{A}} + c_{\mathrm{B}} + 3c_{\mathrm{C}})}{\partial t} + \nabla \cdot [-\theta D \nabla (c_{\mathrm{A}} + c_{\mathrm{B}} + 3c_{\mathrm{C}})] + u \nabla (c_{\mathrm{A}} + c_{\mathrm{B}} + 3c_{\mathrm{C}}) = 0 \tag{5.23}$$

$$K_{eq,1} = \frac{c_B}{c_A} \tag{5.24}$$

$$K_{eq,2} = \frac{c_C}{c_A c_B{}^2} \tag{5.25}$$

のように，方程式 3 つに対して未知数 3 つにすることができ，基礎方程式が得られます。

5.2.3　一般化した基礎方程式

シミュレーションの対象とする化学物質の濃度が n 個，そのうちの m 個に化学平衡時の拘束条件が存在する場合について考えます。結論から示すと，次のように表すことができます [1]。

$$\boldsymbol{M}\theta\frac{\partial \boldsymbol{c}}{\partial t} + \boldsymbol{M}\nabla\cdot(-\theta D\nabla \boldsymbol{c}) + \boldsymbol{M}u\nabla \boldsymbol{c} = \boldsymbol{M}\boldsymbol{S}^{\mathrm{T}}\boldsymbol{r} \tag{5.26}$$

$$\boldsymbol{K}_{\mathbf{eq}} = f(\boldsymbol{c}) \tag{5.27}$$

ここで，$\boldsymbol{M}$：乗数マトリックス，$\boldsymbol{c}$：濃度ベクトル (mol/m^3)，$\boldsymbol{S}$：化学量論マトリックス，$\boldsymbol{r}$：反応速度ベクトル (mol/m^3/s)，$\boldsymbol{K}_{\mathbf{eq}}$：平衡定数ベクトル（単位は存在しますが，表 3.6 のように，化学反応式に依存するので明示的に書くことは難しいです）です。これらの基礎方程式中の未知量は化学物質の濃度 c_1，c_2，...，c_n であり，数は n 個あります。

式 (5.27) は，化学反応が平衡状態に至ったときの平衡定数と濃度の関係をベクトルとして列記したものです。平衡定数ベクトル $\boldsymbol{K}_{\mathbf{eq}}$ は m 行 1 列の行ベクトルで表現されます。

式 (5.26) を説明します。物質移行シミュレーションの移流分散方程式であり，化学物質間での相互作用がない場合，扱う化学物質の種類だけ立式することになります。しかし，m 個の化学平衡を組み込むためには，5.2.2 項で述べてきたように，移流分散方程式を $n-m$ 個になるように式変形する必要があります。ここで，各マトリックスの大きさは，

$$
\boldsymbol{M} = \underbrace{\begin{bmatrix} M_{11} & \cdots & M_{1n} \\ \vdots & \ddots & \vdots \\ M_{(n-m)1} & \cdots & M_{(n-m)n} \end{bmatrix}}_{n\text{列}} \left.\vphantom{\begin{bmatrix} M_{11} \\ \vdots \\ M_{(n-m)1} \end{bmatrix}}\right\} n-m\text{行} \tag{5.28}
$$

$$
\boldsymbol{c} = \begin{Bmatrix} c_1 \\ \vdots \\ c_n \end{Bmatrix} \left.\vphantom{\begin{Bmatrix} c_1 \\ \vdots \\ c_n \end{Bmatrix}}\right\} n\text{行} \tag{5.29}
$$

$$
\boldsymbol{S} = \underbrace{\begin{bmatrix} S_{11} & \cdots & S_{1n} \\ \vdots & \ddots & \vdots \\ S_{m} & \cdots & S_{mn} \end{bmatrix}}_{n\text{列}} \left.\vphantom{\begin{bmatrix} S_{11} \\ \vdots \\ S_{m} \end{bmatrix}}\right\} m\text{行} \tag{5.30}
$$

$$
\boldsymbol{r} = \begin{Bmatrix} r_1 \\ \vdots \\ r_m \end{Bmatrix} \left.\vphantom{\begin{Bmatrix} r_1 \\ \vdots \\ r_m \end{Bmatrix}}\right\} m\text{行} \tag{5.31}
$$

となります。

5.3　計算事例

化学物質がどのように環境中を広がるのかをシミュレーションする事例を紹介します。前章に述べたリサイクル製品の盛土利用の事例と異なるのは，化学反応を考慮する点です。化学反応を考慮したシミュレーションではいくつかの注意が必要です。

まず，計算規模が巨大化します。基礎方程式を解くには有限要素法という数学的手法を用いますが，計算に最も時間を要するのは未知量を求めるための連立一次方程式を解くプロセスにあります。連立一次方程式の大きさは，扱う変数の数と，計算結果の分解能に与えるメッシュと呼ばれる分割数の積で決まります。通常の移流分散方程式は特定の化学物質について立式するので，未知数はひとつとなり，計算量はメッシュのみに依存します。しかし化学反応を扱う場合には，複数の化学物質の濃度を未知数とするため未知数は数十以上になり，計算量は急激に増加します。

さらに，化学反応を考慮する場合，変数の数も多くなりがちです。そのため本節ではシンプルな計算空間を使うことで，少ないメッシュで済むような問題設定をしました。リサイクル製品を海底に使った場合の環境影響評価の例を紹介します [2-4]。

5.3.1　目的

近年，海岸近くの環境を修復するために，浅い水域や干潟を作る事業，海底に深く削られた窪地を埋め戻す事業等が重要視されています。大量の砂や石が必要になりますが，こうした天然資源にも限りがありますので，代替材料としてリサイクル製品を有効利用する必要性が一層高まっています。前章で紹介したようにリサイクル製品を使用する際の環境安全性の評価は重要です。ここでは海底の削られた窪地をリサイクル材料で埋め戻したときの環境安全性をシミュレーションによって評価します。

解析空間は図 5.1 のような海域を考えます。水深 50 m の海域を考え

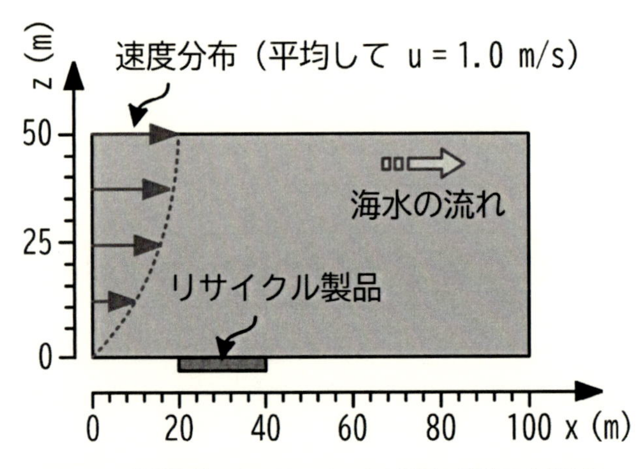

図 5.1　海域環境におけるリサイクル製品の環境安全性評価

て，その底部に幅 20 m にわたりリサイクル製品を施工した際に，リサイクル製品から溶出する化学物質によって周辺または下流側にどのような影響が生じ得るのかをシミュレーションで評価します。海水の流れは図中の左から右方向として，流速ベクトルは海底での摩擦の影響を考慮してゼロとして水面に向かって二次関数的に流速が増加する分布を与えました。流速の平均値は 1.0 m/s とします。なお，ここで想定するリサイクル製品とは図 4.3 に示す溶出特性と同じものとします。

5.3.2 計算条件

解析空間内の流速は既知としているので，基礎方程式は移流分散方程式のみとなります。水環境における基本的な化学反応式は表 3.6 に示すとおりであり，本計算でも同じ条件を採用します。すなわち，扱う化学物質は 27 種類であり，Na^+，Ca^{2+}，Mg^{2+}，K^+，H_4SiO_4，H^+，CO_3^{2-}，SO_4^{2-}，$H_2SiO_4^{2-}$，$H_3SiO_4^-$，$NaCO_3^-$，$NaSO_4^-$，$CaOH^+$，$CaCO_3$，$CaSO_4$，$MgOH^+$, $MgCO_3$, $MgSO_4$, KSO_4^-, H_2CO_3, HCO_3^-, HSO_4^-, OH^-，$NaHCO_3$，$CaHCO_3^+$，$MgHCO_3^+$，Cl^- です。一方で，化学反応式は表 3.6 の 18 種類となります。化学平衡計算を考慮した移流分散解析は，式 (5.26) と式 (5.27) で表した基礎方程式によって行いました。基礎方程式の離散化は有限要素法に基づき，求解には数値解析ソフトウェア COMSOL Multiphysics ver.6.2（COMSOL 社）を用いて各物質の濃度分布を求めました。

さて，重要なのは初期条件と境界条件の設定です。式 (5.26) と式 (5.27) に示す基礎方程式には電荷均衡式が含まれていません。そのため，電荷均衡式を満足する状態で初期条件と境界条件を入力しなければなりません。そこで初期条件には，海水の組成解析として得られた結果（図 3.13）を用います。同時に，海水の流入口（解析空間の左端）にも海水の組成をもった境界条件を与えます。流出口（解析空間の右端）は流出境界，また他の境界には流束ゼロ境界を与えます。

5.3.3 計算結果

図 5.2 と図 5.3 は，化学平衡計算を考慮した物質移行シミュレーション

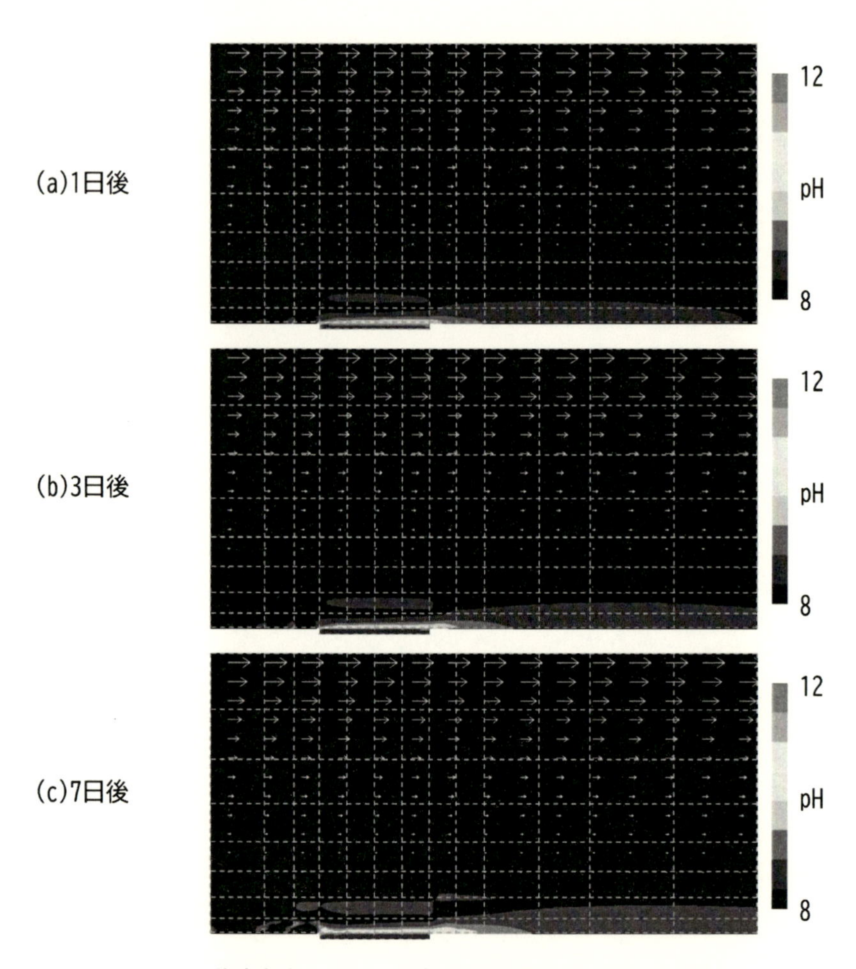

図 5.2　海底窪地にリサイクル製品で埋め戻したときの pH 分布

の結果を示しています。この図では，海底の窪地をリサイクル製品で埋めた場合の pH が，時間の経過とともにどのように変化するかを表しています。使われているリサイクル製品は第 4 章の計算事例で用いたものと同じですが，このシミュレーションによると，周囲の pH は最大でも 11 程度という結果になりました。これはリサイクル製品からアルカリ成分が溶け出しても，海水では pH が極端に高くなることは少ないということを意

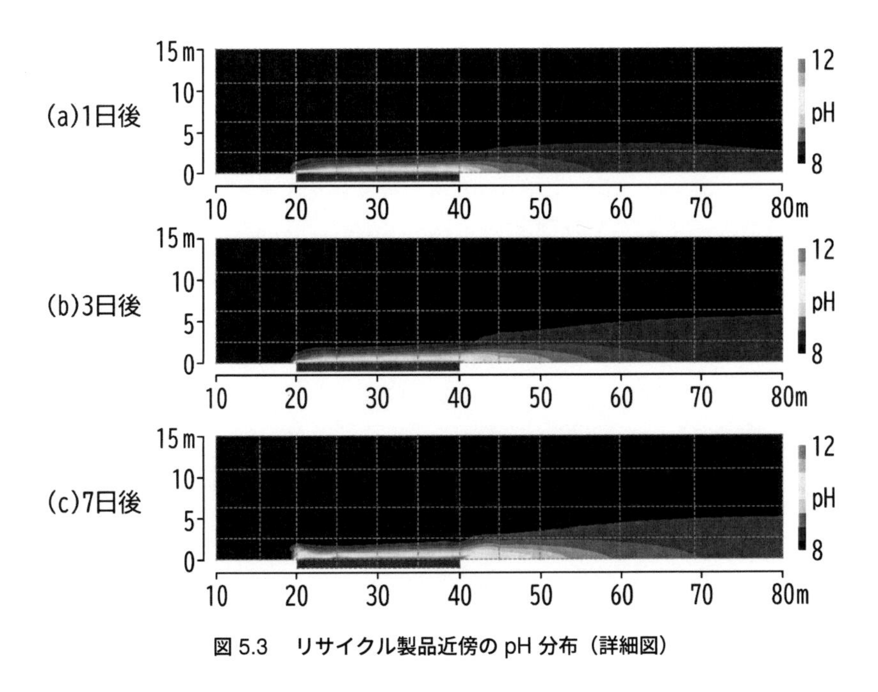

図 5.3 リサイクル製品近傍の pH 分布（詳細図）

味しています。ただし，これは使用するリサイクル製品の量や条件，周囲の環境にもよります。このように，コンピュータシミュレーションは実際の環境や条件を考慮に入れて未来の出来事を予測できる便利なツールです。リサイクル製品をどのようにしたら安全に活用できるのかを，リサイクル製品の品質に合わせて，使用量や条件等を具体的に設計することができます。

また，図 5.2 と図 5.3 から pH の影響範囲にも特徴が現れていることが分かります。リサイクル製品で埋め戻してから 1 日後は，リサイクル製品埋立層を除けば，全体的に pH は中性を保っています。しかし，時間の経過とともに，リサイクル製品からアルカリが溶出し下流側に輸送されます。7 日後には，リサイクル製品埋立層から下流方向に 20 m の範囲まで，弱アルカリ性（おおよそ pH = 9.5〜10.5）になることが観察されます。さらに，流れに沿ってこの変化が広がるのに対して，流れの直角方向には広がりにくいことが分かります。

これらの現象は，第 4 章で示した例とは異なります。違いの主な理由は 2 つあります。1 つ目は，多孔質媒体内の動きではなく水中の動きなので流れが速いという点です。これにより化学物質の輸送は，等方的な拡散運動よりも，流れ方向に働く移流の方が顕著になります。2 つ目は，化学反応を厳密に考慮している点です。多様な化学物質が高濃度で存在する環境下では，化学反応がより複雑に絡み合うことから予想外の変化が起こりやすいため，化学反応を考慮することが特に重要になります。この計算では，リサイクル製品から溶出したアルカリ成分（水酸化物イオン）が環境中を輸送されていく過程のなかで水酸化物イオンを必要とする他元素との化学反応が進み，pH の増加は雨水の場合よりも海水の方が抑制されることが示されました。また輸送を伴う結果，この影響は下流方向に海底に沿って伝播していくことが表現できています。

5.3.4　海水が白濁化する可能性

第 4 章の計算事例と同様に，濃度の大小ではなく，別の観点から環境安全性について考えてみたいと思います。先の事例では，溶出したアルカリ成分によって地表面に白い析出物が形成し，景観上に変化が現れる可能性を示唆しました。ここでも同様の考察を進めていきます。

図 5.4 と図 5.5 は，水酸化マグネシウムの飽和指数を表しています。飽和指数が正か負であるのかを見ることで，どの範囲に水酸化マグネシウムが析出し得るのかを知ることができます。具体的には，

$$Mg^{2+} + 2OH^{-} \rightleftharpoons Mg(OH)_2(s) \tag{5.32}$$

という化学反応から，$Mg(OH)_2$ を化学式とする Brucite が白い結晶物として生成されます。このときの平衡定数は

$$K_{sp} \equiv c_{Mg^{2+}} \cdot c_{OH^{-}}{}^{2} = 1.9 \times 10^{-11}\,\mathrm{mol^3/L^3} \tag{5.33}$$

であることが知られています。K_{sp}：溶解度積 (mol^3/m^3)，$c_{Mg^{2+}}$：マグネシウムイオン濃度 (mol/m^3)，c_{OH^-}：水酸化物イオン濃度 (mol/m^3) です。

溶解度積とは，ある物質が水などの液体に溶ける限界を数値で表したも

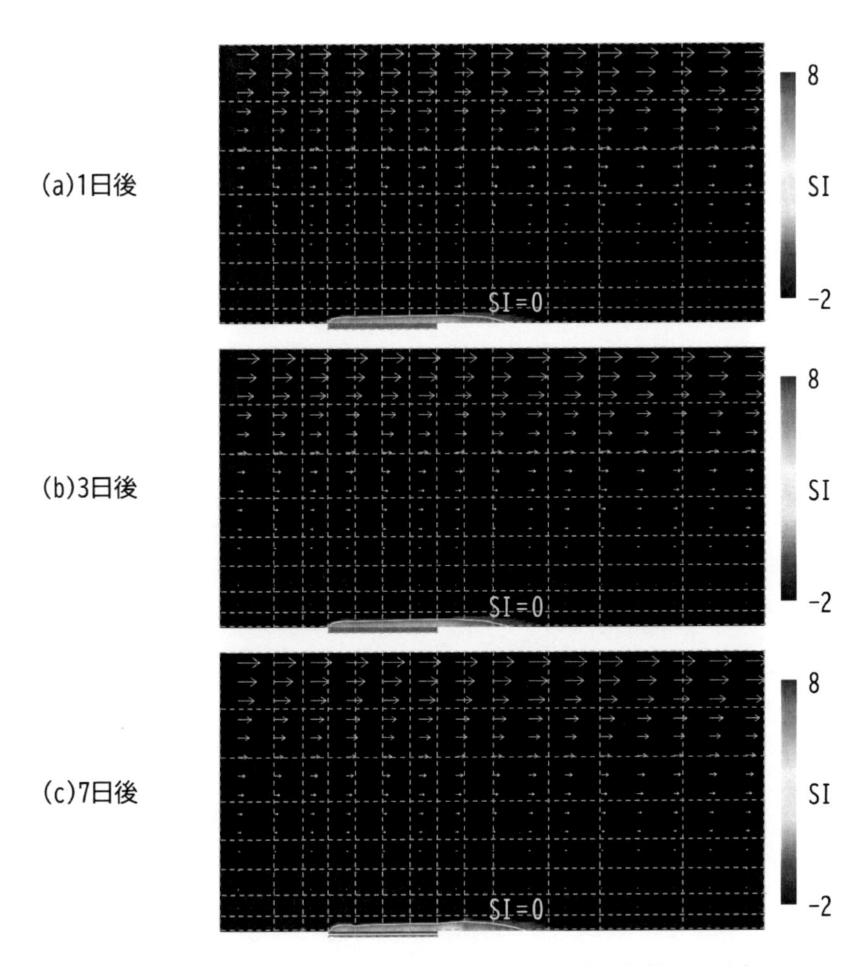

図 5.4　析出物が発生するか否かを判断するための飽和指数 SI の分布

のです。塩が水に溶けると，陽イオンと陰イオンに分かれます。溶解度積は，この陽イオンと陰イオンの濃度を掛け合わせた値で，この値が一定以上になると，塩はこれ以上水に溶けなくなります。つまり，溶解度積は塩の「溶ける限界」を表しています。したがって溶解度積を基準として，現在のイオン濃度の積から求めた値を比較することで溶けるか否かの判断ができます。その判断を分かりやすくするために導入されたのが，飽和指数

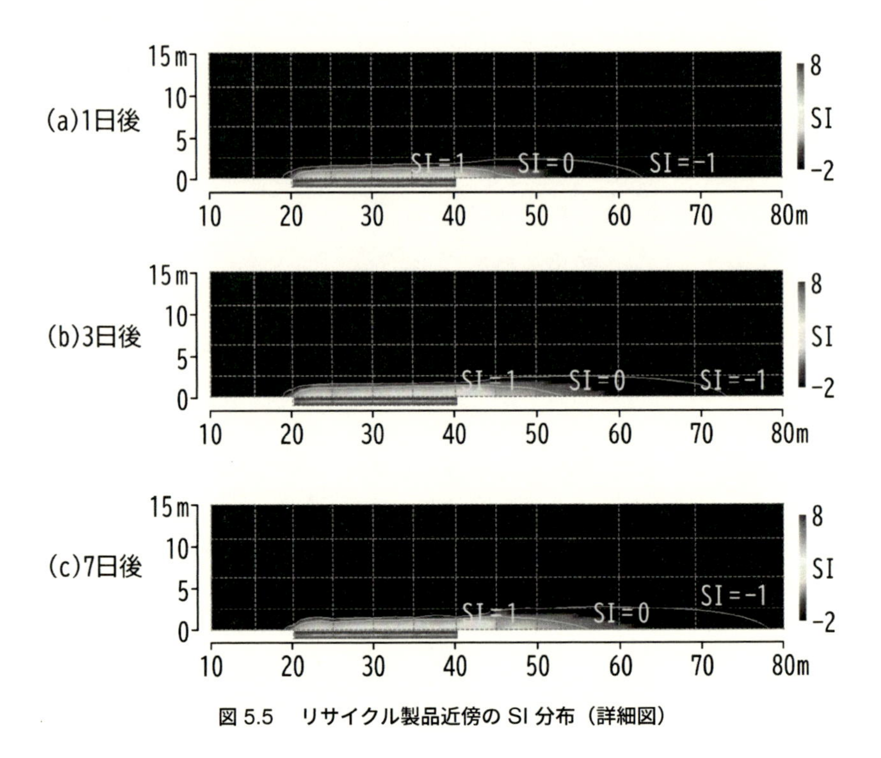

図 5.5　リサイクル製品近傍の SI 分布（詳細図）

と呼ばれる指標です。

飽和指数 (Saturation Index) とは，水の中のある物質がどれだけ溶けているかを示す数値です。この指数がゼロの場合，物質はちょうどその水に溶ける限界に達しており，「飽和状態」にあります。指数が負の数であれば，その物質はさらに水に溶ける可能性があり，「未飽和状態」です。逆に，指数が正の数であれば，水に溶けている物質が多すぎて，何らかが析出しやすい，「過飽和状態」にあります。

Brucite の場合では，飽和指数は

$$\mathrm{SI} \equiv \log_{10}\left(\frac{K_{sp}}{c_{\mathrm{Mg}^{2+}} \cdot c_{\mathrm{OH}^-}{}^2}\right) = \log_{10}\left(\frac{1.9 \times 10^{-11}}{c_{\mathrm{Mg}^{2+}} \cdot c_{\mathrm{OH}^-}{}^2}\right) \tag{5.34}$$

として定義されます。現在のイオン濃度を代入することで，飽和指数 SI を求めます。飽和指数は常用対数値です。したがって，この値がマイナスのとき，イオン濃度の積が溶解度積よりも小さいことを意味し，すなわち未飽和状態だと判断できます。逆にプラスのときは，イオン濃度の積が溶解度積よりも大きいので，過飽和状態であり析出する可能性があることを意味します。

図 5.4 中のコントラストは式 (5.34) から求めた飽和指数であり，図中の等値線は飽和指数が SI = 0 となる境界を示しています。すなわちこの等値線よりも内側の領域では，Brucite が生成し海水が白濁化する可能性があることが分かります。

この計算条件では，海底が平らだと仮定しています。海底が平らな場合，底近くの流れは緩やかで，そのため白濁化する範囲も小さくなります。しかし，地形が複雑だったり，リサイクル製品を使った工事が行われたりすると，流れが複雑化し白濁化する範囲が広がることがあります。化学平衡を考慮した物質移行シミュレーションは非常に難しく計算負荷も大きいことが難点です。簡単には行えませんが，土木工事等の規模が大きな事業では，環境への影響を評価し，その結果を人々に説明することが非常に重要になってきます。このようなコンピュータシミュレーションが，その一助となることを期待しています。

5.4　結び

本章では化学平衡計算を考慮した物質移行シミュレーションの手法を解説し，数学上厳密な式展開に基づいて基礎方程式を導き，それを用いた計算事例を紹介しました。化学平衡計算と物質移行シミュレーションの両立は依然として計算負荷が大きいので，有効なツールであるものの，まだ誰もが扱えるようなレベルには到達していないと感じます。

ここで述べたのはほんの一端です。濃度の高い多様な化学物質が存在する環境下では，化学反応によって予期しない事象に遭遇するのは間違いありません。その場合，ここでは説明しきれていない活量といった概念を導入しなければ，高濃度環境下では正確な予測は実現できません。モデルが複雑化するほど計算は巨大化し安定性を損ないますが，それを解消するための数値計算手法も研究が進んでいます。最近ではディープラーニングを計算に応用するといった研究も見られます。

この分野はまだ発展途上ですが，根底を理解しておかないと，最近までの技術発展や研究成果の特徴が分からず正しく適用することができません。本書ではかなりベーシックな部分を丁寧に解説しました。著者自身，多数の制約条件があるなかで方程式の数と未知数の数をどうやって合わせているのか，時間発展問題ではなぜ電荷均衡式が必要なくなるのか等，長年疑問に感じており，根幹を記述した書籍には海外のものも含めてなかなか巡り合うことができませんでした。そこで今回，著者らが周りの専門家から得た助言等を集約し，ここに取りまとめた次第です。

参考文献

[1] Fan, Y., Durlofsky, L. J., Tchelepi, H. A.: A fully - coupled flow-reactive-transport formulation based on element conservation, with application to CO2 storage simulations, *Advances in Water Resources*, Vol.42, pp.47-61 (2012).

[2] 篠崎晴彦, 宮本孝行: pH シミュレーション技術を用いた鉄鋼スラグの土工利用におけるアルカリ流出のリスク評価, 『新日鉄住金技報』, No.399, pp.10-13 (2014).

[3] 五十嵐学, 肴倉宏史, 水谷聡, 髙橋克則, 木曽英滋, 平井 直樹, 金山進, 津田宗男: 海水の緩衝作用を考慮した三次元 pH シミュレーションモデル, 『土木学会第 69 回年次学術講演会講演概要集』, No.116, pp.235-236 (2014).

[4] 髙橋克則, 金山進, 肴倉宏史, 水谷聡, 津田宗男, 木曽英滋: 製鋼スラグの実海域施工時のアルカリ溶出挙動とモデル解析, 『土木学会論文集 B3』, Vol.71, No.2, pp.1077-1082 (2015).

第6章

現場管理者との連携による正確な将来予測

数値埋立工学モデルは [1]，廃棄物の最終処分場で何が起こっているのかを明らかにするために使われます。これまでの研究で多くの知識が得られていますが，実際に使う上では依然として大きな壁があります。それは，廃棄物の埋立層とは不均質な多孔質構造体であり，そこで生じる物理現象はさまざまな要因に左右され不確実性があるという点です。こうしたモデルでは扱えない不均質性や不確実性は，実測データによって補完することで，数値埋立工学モデルによる予測をより正確なものにできます。

6.1　廃棄物最終処分場の維持管理と廃止に向けた課題

最終処分場では，埋め立てた廃棄物から発生する汚水（浸出水），ガス，温度を適切に管理することが重要です。ここでは，本書で着目している水質の点から解説します。

浸出水は，廃棄物の表面に付いた汚れが洗い流されることで初めは特に高濃度になります。そのため，最終処分場は開設されるとすぐに，この浸出水を処理する設備を稼働させることが一般的です。

「埋立終了」とは，最終処分場が計画どおりに廃棄物を受け入れていっぱいになるか，それ未満でも廃棄物の受け入れを終了する時点を指します。埋立終了後も浸出水はなお発生するため，その濃度が法律で定められた安全基準を下回るまで，浸出水の処理を続ける必要があります。この期間を維持管理期間または廃止期間と呼びます。

最終処分場の「廃止」とは，このような維持管理を行わずとも周囲の環境に悪影響を与えないと法的に認められる状況であり，廃止までに至る期間を廃止期間と呼びます（図 6.1）。浸出水については基準が設けられており [2]，現在も最終処分場の状況や現場管理者の負担，測定のための技術水準を考慮しながら，この基準に対してどのように向き合って最終処分場を管理していくのかが学会などによって議論されています。

この廃止期間の長短は維持管理費用に直結します。よって，最終処分場の管理者にとって，先行き不透明な，最も頭を悩ませる課題のひとつと言っても過言ではないでしょう。実際のところ，廃止期間が3年で済む最終処分場もあれば，30年以上かかっても廃止できない場合も存在しています[3]。

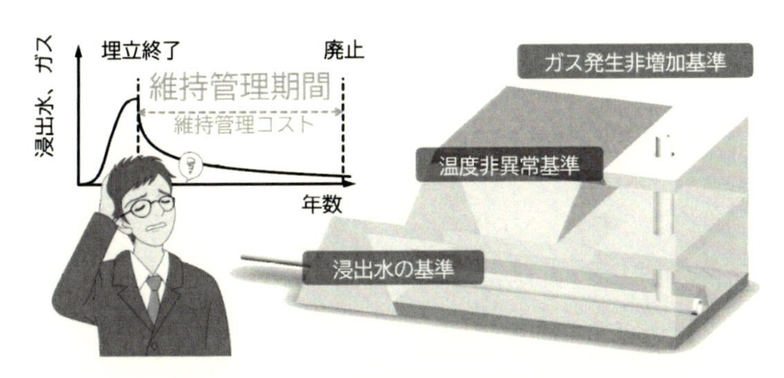

図 6.1 廃止期間と，管理型処分場における主な廃止基準

図6.2は，環境省が公開している最終処分場に係るデータをまとめたものです。2016年度のデータによると，一般廃棄物の最終処分場は1,689か所あり，そのうち30か所が廃止されました。産業廃棄物の場合，1,783か所のうち30か所が廃止されています。これらの数字は，最終処分場の廃止がどれだけ難しいかを物語っています。例えば，処分場の数に対して閉鎖された施設の数が1割にも満たないのです。

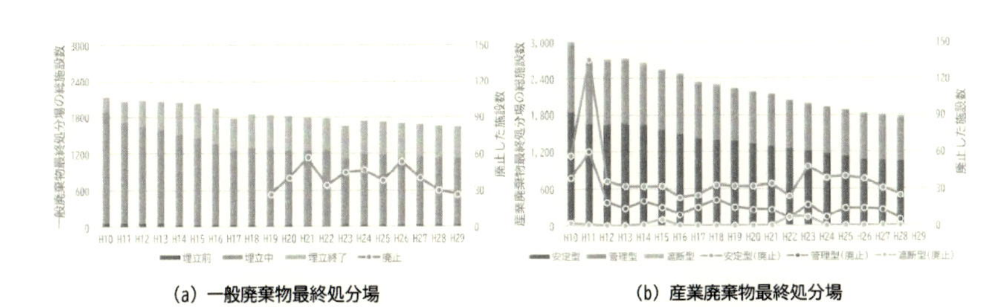

(a) 一般廃棄物最終処分場　　(b) 産業廃棄物最終処分場

図 6.2 最終処分場の年度別総施設数，廃止施設数

この問題の背景には，現実に即していない廃止基準の設定があります。

最終処分場を建設する際には，地域住民の同意を得るために高度な設備を導入し，国が定めた基準を上回る厳しい基準を自ら設けることがあります。これにより，大きな初期コストとともに，高い維持管理コストが発生します。さらに，最近では廃棄物処理の広域化，また，最終処分場に災害廃棄物を受け入れるという指向にあります [4]。計画時とは性状が異なり，従来受入経験のなかった廃棄物を大量に処理する場面にも遭遇することから，浸出水の水質が悪化し最終処分場の廃止が遠退いたり，このような不測事態がある中では廃止に対する判断に不安を生じたりしています。

このような状況を受けて，効果的な処分場の廃止を実現するためには，それぞれの施設に合った技術の選択と自主基準の見直しが求められています。そして先が読めない維持管理コストへの不安を払拭するための研究が不可欠です。その解決策の一つが物理シミュレーションです。物理シミュレーションを現実の課題に対してどのように役立てるのかは，シミュレーションを扱う者自身の発想や技術によるところではありますが，著者らは主に 2 通りの活用があると考えています。ひとつは現象に対する理解を支援すること，もうひとつは，実験では到底再現できそうにない大規模な構造物の設計や数十年，数百年以上の浸出水等の挙動の将来予測を支援することです。

6.2　最終処分場の将来予測に係る学術

日本の廃棄物埋立技術は，一定の計画や管理の基準に基づいており，計画・設計・管理要領や性能指針に明記されています。しかし，これらの基準を定めた頃は学術が成熟していなかったため，最終処分場ごとの構造や規模，廃棄物の種類や量，気候条件の違いに対する考慮は十分とは言えませんでした。そのため，維持管理を止めることができる廃止の見込みや，廃止した後の最終処分場を跡地として利活用する見込みが，受入廃棄物の種類や処分場タイプごとに明確に予測できません。そのため，個々の最終処分場における廃棄物特性と埋立環境に応じて，浸出水中の化学物質濃度を予測・評価するための手法，ならびにその基礎となる学術が必要とされています。

最終処分場における物質動態を予測するための物理シミュレーション（数値埋立工学モデル）は，北海道大学の田中信壽教授らによって提唱されました [1]。開発当初は浸出水水質の変化の予測のみを対象としたボックスモデルでしたが，その後，多くの研究者によって工夫が重ねられてきました。化学平衡計算と組み合わせることで埋立廃棄物の安定化挙動について化学反応の点から理解を深めたり [5]，有限要素法によって物質の空間的な広がりを考慮することで安定化挙動を最終処分場の物理構造の点から議論したりする [6] 等の研究がなされています。

しかし，これらのモデルには実用上の制限があります。ダルシー則や移流分散理論を準用しているため，地盤に比べて不均質性が高く，水みちの発生しやすい廃棄物埋立層に対する適用可能性が不明でした。この問題に対応すべく数多くの研究が進められていますが，物理シミュレーションは往々にして改良を重ねるほど多数のパラメータが必要になります。例えば，化学物質の相互反応を考慮した精緻なモデル等が欧米でも開発されていますが，扱う化学物質は数百種類にも及びます [7]。こうした精緻化された物理シミュレーションは，場所によって異なる廃棄物の物性や環境条件，溶出特性，ガス化特性等を精密にモデル化し，理論的に裏付けのある物質動態の予測結果を導くでしょう。しかし，その精度を検証する術がなく，計算負荷も高いため限られた専門家しか扱えず，計算コストが肥大化すれば実用面からかけ離れたものとなる等の課題があります。

6.3　研究者と実務者の連携強化

物理シミュレーションは，数理モデルに取り入れた物理現象と条件を前提として計算を実行しているに過ぎないため，モデルの開発者の認識を超える予測結果を返すことはあり得ません。つまり実際の現象と物理シミュレーションに大きなギャップが生まれるのは，現象に対する認識不足が原因です。これは開発者の知識が十分でないことで生じるものであり，数理モデルの骨格となる基礎方程式や，それに与えるパラメータや空間分布，初期条件，境界条件がそれに当たります [8]。

そのギャップを埋めるためには，より精緻な数理モデルやパラメータを入手するアプローチを用いるのが一般的です。単純化された条件で小型実験を繰り返し行うことで現象をより正確に表現するための数理モデルを構築したり，与えるパラメータの取り得る範囲を絞り込んだり，場合によってはシミュレーションの対象となる現場を詳細に調査することで，実際に得た情報をパラメータや初期条件，境界条件に反映させるといった措置がとられます。

しかしながら，最終処分場内の廃棄物埋立層では他の環境媒体（大気，水，地盤）に比べて不均質性が非常に高く，すべての物質動態とパラメータを把握しきれません。これが正確な予測ができない最大の原因となっています。ですが，現象の解明や一般化による物理的なモデリングよりも，予測誤差をより低減することを目的とするのであれば，実測または結果に基づいた統計的なモデリングが有効な場合もあります。この統計的なモデリングでは，特に近年において，人間では扱えないような膨大な数の影響因子を扱い，結果と関係付けるようなデータサイエンス（機械学習）の活用が広まっています。

これまでの予測手法の王道であった物理シミュレーションに加えて，実測データから予測誤差が生じる原因を探るような統計学的モデリングを組み合わせることで，精緻な理論に基づくものとは言えないですが，実用的な予測を行うという考え方があります（図 6.3）。この考えに基づいたのがデータ同化と呼ばれる手法であり，これまで気象や海洋環境の予測で用いられてきました。最近の計算機や情報技術の発展と普及により，構造物の劣化予測，災害の予測，人や交通の流れの予測など多方面への適用が進んでいます。最終処分場の将来予測においても，データ同化に近い考え方を導入することで，最終処分場の実態に応じて長期管理を見据えた運営方法を提供できる基盤を整えなければならないと考えます。

「データ同化に近い」と記述したのは，最終処分場分野においては入力値となる最終処分場の構造や，埋立廃棄物に関する記録，浸出水や発生ガスなどの実測データ等の情報を完全に入手することが気象データ等と比較してもとても難しいためです。例えば，記録が紙媒体であり情報提供自体

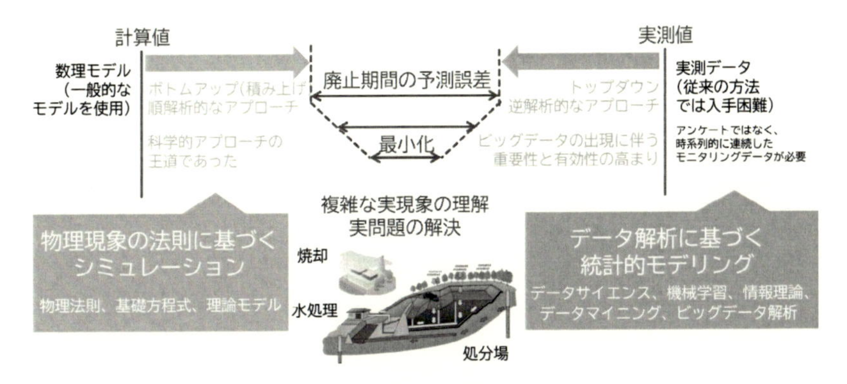

図 6.3　物理シミュレーションと統計学的モデリングを組み合わせた予測

が手間であること，維持管理上求めてられる観測項目が必ずしも埋立廃棄物の動態を表現するものではない場合もあること，機密性からデータ提供そのものが難しいこと，また提供した情報が閲覧者の解釈によってはマイナスの印象に繋がる恐れあり提供者が及び腰になってしまうこと等が情報の入手を困難にしている要因と考えられます。著者らは，情報のやりとりを円滑にすることも重要な課題と捉えており，情報の活用だけでなく，現場管理者などから実測データをどのように集めるのか，すなわち実務者との連携強化をどのようにしたら実現できるのかを考えなければなりません。

6.4　双方向から情報を積み上げるための対話型プラットフォーム

対話型プラットフォームでは，近年の情報技術，特に通信網の強化によって Web ページ自体に多くの情報を載せることが可能になりました。JavaScript 等により各ユーザーに対してレスポンシブで動的な Web ページが作成できるだけでなく，通信技術の発達により物理・数学，可視化，情報集約，管理等の専門ソフトウェアが Web を通じて提供されています。

こうした情報技術の発展により，昔では成し得なかった研究であっても今日だからこそ実現可能になっているものがあります。最終処分場もその一つであり，何十年にもわたって管理を続けるなかで蓄えられた情報の共有や意見交換等を幅広く行うことができます。

そこで，ここでは対話型プラットフォームを情報集約の手段として用います。最終処分場に限ったことではありませんが，データサイエンスでは現場のもつ情報をどのように集めるのかが肝要です。相手から良質な情報またはデータを得るためには，それによって相手も同等以上のメリットが得られるものでなければなりません。それが最終処分場のようにデータ量が膨大で機密性の高いものであれば，なおのこと，相手にはそれだけの労力を払うのに見合ったメリットがなければなりません。そこで研究者がもつデータの分析能力を Web アプリケーションとして対話型プラットフォーム上で提供し，お互いの経験や知識を集約することで，情報の有効活用を促すことを考えました。

図 6.4 は，対話型プラットフォームを活用した物理シミュレーションとその較正（キャリブレーション）の概念を表しています。実務者は，本プラットフォーム上でこれまでに著者らが開発した物理シミュレーションモデルをオンライン上で無償利用できます。その数理モデルは必要最小限まで単純化された簡易なものです。これは，計算速度・安定性を優先したため，そしてオンライン上での運用に最適化したためであり，計算パラメータが少なくその値域についても既往研究で十分な知見がある点で優位です。もちろん簡便な数理モデルであるため，これだけで複雑な実際の現象を正確に予測することはできませんが，本プラットフォームを経由して得られる実測データによって，その予測誤差の修正を加えていくことができます。

予測値に与える修正量は最終処分場の諸元に依存すると考えられます。例えば，最終処分場の規模が大きいほど不均質性は強くなりますので，予測は難しくなり予測結果に与えるべき修正量も大きくなるでしょう。このような修正量は，実測データを収集し，モデルによる予測結果と比較することで求めることができます。こうして求めた修正量を蓄積して，最終処分場の諸量（埋立容量，埋立面積，埋立深さ，埋立開始年度，埋立期間等）と類型化（統計学的モデリング）しておくことで，実測データがない

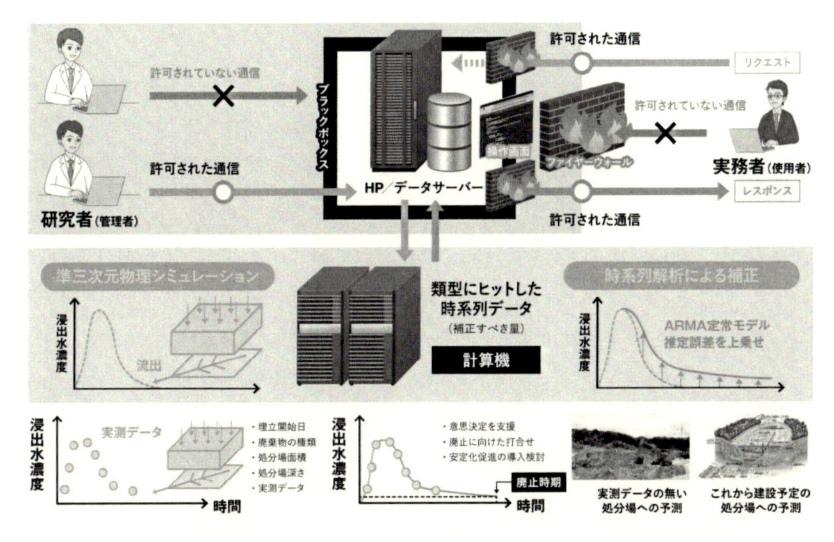

図 6.4　対話型プラットフォームを活用したシミュレーションの概念

処分場に対して与えるべき修正量を見積もることができます。すなわち，現在までに実測データから構築した統計学的モデルから，特性が近似する予測対象処分場の修正量を推定します。

この修正量は，本書で述べてきたような数値シミュレーションを予測対象処分場ごとに較正するのに役立てられます。数値シミュレーションは物理法則に基づいた予測値が得られるものの，埋立廃棄物特有の不均質性や不確実性が考慮できないので，それに対する較正をするために修正量として予測結果に足し込みます。図 6.3 のような物理シミュレーションと統計学的モデリングの両方のアプローチから確からしい将来予測が実現します。

実測データが蓄積されるたびに修正量を与える統計学的モデルは随時改良されます。すなわち，最終処分場に係る実務者には実測データによって較正した将来予測結果を無償提供する代わりに，統計学的モデルの精緻化のために実測データの提供を促すのが本プラットフォームの存在意義です。

プラットフォームにログインした実務者はシミュレーションを自由に実

施でき，管理対象の将来予測結果を得ることができます。また所持する実測データと比較する機能も実装しており，将来予測結果との違いを認識することができます。任意ですが，その実測データを研究者に提供することも可能になります。

一方研究者は，実務者より提供されたデータや情報を活かして，より優れた将来予測モデルを研究することができます。計算値と実測値を突き合わせるような検証の場が得られるので，その差を埋める新しいモデルの開発や予想結果を実測値に合わせるための較正係数の類型化といったことが可能になり，研究を進めるための場が得られるのが特徴です。

このように，互いにモチベーションを高め合い，研究者と実務者の各々が得意とする分野において情報を共有し合うことで，連携強化が進みます。研究者と実務者の連携を持続可能なものとすることで，さらなる実測データの拡充やプラットフォームの改良は継続されて，真の意味での対話を通じた技術開発が実現できると考えています（図 6.5）。

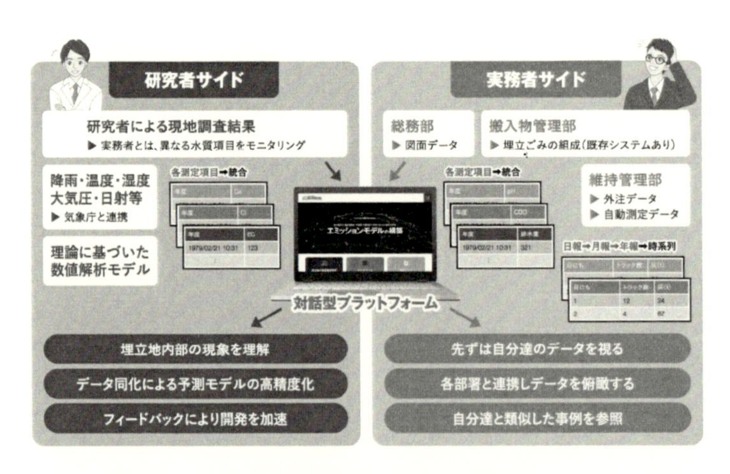

図 6.5　研究者と実務者の双方向から情報を積み上げる

6.5　実用的な将来予測手法の構築に向けた研究

近年の情報技術によって生み出される対話型プラットフォームの意義は前述のとおりですが，本節では最終処分場の維持管理を例に挙げて説明します。維持管理の見通しを得るための将来予測をどのように実現させるのかを述べたいと思います。

6.5.1　長期予測に対応可能な物理モデル

数理モデルは，廃棄物管理の分野で広く使われており，特に移流分散方程式に基づいています。廃棄物埋立層では，複雑な水の流れが発生します。ここでは，水が自由に動ける部分（可動水相）と動けない部分（不動水相）に分けて考えます。それらの割合は，廃棄物埋立層全体，または形状的に不均質な廃棄物を部分的に埋めているのであればその当該埋立層に対する体積割合として与えます。

これは水みちの発生に起因する間隙構造の変化が，地盤環境では相異なる地質（個々の地質自体は均質と考える）の境界で発生するのでその位置は比較的絞り込みやすいのに対して，廃棄物埋立層には地質に相当するものはなくどこで生じるのかが分からないためです。埋立層に占める水みちの体積割合は，地盤工学で言う有効間隙率に相当するものであり，その推定方法にはトレーサー試験や非破壊検査などのさまざまな手法が考えられますが，本書籍ではその内容に関する記述は割愛します。

水が流れる可動水相では，物質は水の流れによって運ばれます。これは移流分散方程式で表現できます。一方，不動水相では水の流れはほとんど影響しませんので，物質の移動は拡散方程式で表現されます（図 6.6）。この違いにより，可動水相では物質の移動が速いため濃度のピークが早く現れ，不動水相では物質の移動が遅いため長期にわたって濃度の変化が見られます。廃棄物埋立層内に発生し得る水みちの割合（有効間隙率）を正確に理解することで，物質の輸送速度を予測し，浸出水濃度のピークがいつ現れるかをより正確に予測できます。これは，埋立廃棄物を早期に安定化させるための対策効果や，災害廃棄物等の異なる性状のものを埋め立てた後の浸出水水質の変化，浸出水処理施設の設計に重要な原水の最大濃度等を見積もることに役立ちます。

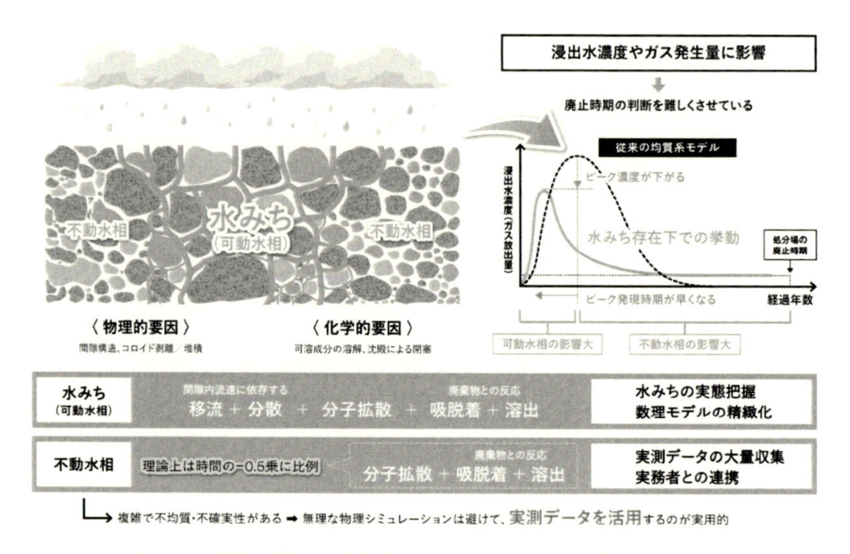

図 6.6　浸出水濃度の時間変化に及ぼす水みちと不動水相の影響

廃止期間の予測では，不動水相からの長期的な物質輸送が重要です。拡散方程式の理論解が示すように，浸出水濃度は経過時間のマイナス 0.5 乗に比例します。これは，最終処分場稼働直後に埋めた廃棄物のうち，可動水相内の化学物質は洗い流しが完了していたとしても，不動水相中の化学物質が濃度の大きさによっては数十年先の浸出水濃度に影響を与えることを意味しています。そのため廃止期間をより正確に予測するためには，不動水相中の物質輸送をどのように捉えるのかがポイントとなります。

6.5.2　外乱因子を予測誤差としてモデル化

著者らは，不動水相を実測データによって統計学的にモデリングすることを試みています。これは不動水相を数理モデルで表現し物理シミュレーションするのは実用面からすると不利だと考えられるからです。その理由として，具体的には (1) 廃棄物埋立層に浸透した雨水は水みちを選択的に集中して流れるので，水みち以外の不動水相が占める割合は相対的に大きいこと，(2) それ故に埋立廃棄物の不均質性も，占有割合の大きい不動水相の方が強くなること，(3) 不動水相の物質輸送は長期的問題であるため，現象に対する認識不足が数十年後の予測結果に大きな誤差を生むこと，が挙げられます。

もう少し説明すると，前項で述べたように不動水相中の物質輸送は拡散方程式により記述されるので，均質な理想条件下では浸出水濃度の時間変化は経過時間のマイナス 0.5 乗に比例するはずです。しかしながら実測データを当てはめてみると，図 6.7 のように，必ずしもマイナス 0.5 乗にプロットされるわけではありません。

その原因は，廃棄物の不確実性にあります。廃棄物には易溶解性のものもあれば，化学平衡を律速として徐々に溶解するものもあり [9]，必ずしも決まったメカニズムで溶出が発生しているとは限りません。自然現象を抽象化する物理モデルでは，これらを正しく表現できないので，特に長期予測では誤差の拡大へと繋がります。このような不確実性の多い不動水相は，当該の埋立廃棄物層を通過した浸出水濃度の時系列データ（結果）から不動水相のモデル（原因）を逆解析的に導いた方が現実的です。

図 6.7 中の予測誤差とは，浸出水濃度に対する物理シミュレーションの計算値と実測値の差を表します。物理シミュレーションは物理法則が大きく寄与する水みち（可動水相）での予測に有効ですが，予測誤差は物理シミュレーションでは扱っていない自然現象に相当します。ここでは不確実性の強い不動水相での物質挙動のことであり，それは従来理論から言われている「得られる経過時間のマイナス 0.5 乗に比例する」という知見とは一致しないことが分かります。この図では，実測データから得た乗数が，より適正な将来予測を与えるための較正値となります。得られた較正値を，最終処分場の諸元と関係付けて統計学的にモデリングしておくことで，実測データを持たない処分場に対しても物理シミュレーションを行ったとき，その予測結果に対して適切な較正を与えることができます。

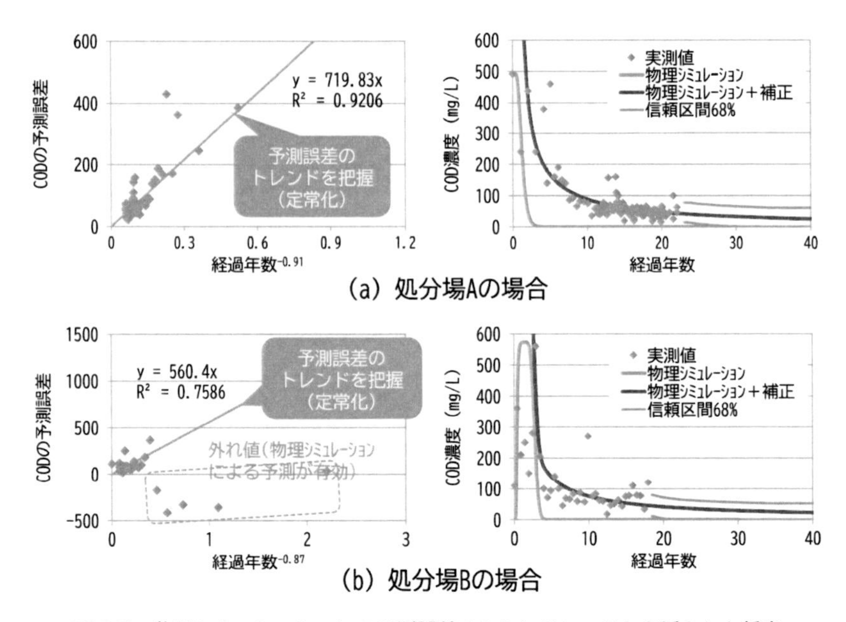

図 6.7　物理シミュレーションの予測誤差のトレンドと，それを活かした将来予測手法

6.5.3　実務者自身で行う将来予測計算と実測データによる校正

6.5.2 項では予測誤差に着目した将来予測手法の概念的な説明をしました。本項では移流分散方程式を用いた物理シミュレーションを行いますが，これは理論上考えられる濃度傾向（トレンド）を得るためのものであり，物理シミュレーションでは考慮できない不均質性や不確実性の影響を実測データによって補完することで，より正確な予測とするものです。

トレンドを得るための移流分散方程式のうち，先に述べた可動水相と不動水相の影響を考慮したモデルには Dual Porosity Model があります。廃棄物埋立層の深さ方向鉛直一次元下では，

$$\theta_{\mathrm{m}}\frac{\partial c_{\mathrm{m}}}{\partial t} = \frac{\partial}{\partial x}\left[\theta_{\mathrm{m}}(D + D_{\mathrm{e}})\frac{\partial c_{\mathrm{m}}}{\partial x}\right] - u\frac{\partial c_{\mathrm{m}}}{\partial x} + k_{\mathrm{m}}(c_{\mathrm{im}} - c_{\mathrm{m}}) \tag{6.1}$$

$$\theta_{\mathrm{im}}\frac{\partial c_{\mathrm{im}}}{\partial t} = \frac{\partial}{\partial x}\left[\theta_{\mathrm{im}}D_{\mathrm{e}}\frac{\partial c_{\mathrm{im}}}{\partial x}\right] - k_{\mathrm{m}}(c_{\mathrm{im}} - c_{\mathrm{m}}) \tag{6.2}$$

として表現されます。ここで，θ_m：可動水相の体積占有率，c_m：可動水

相中の濃度 (mol/m^3)，D：機械的分散係数 (m^2/s)，D_e：実効拡散係数 (m^2/s)，u：平均浸透流速 (m/s)，k_m：物質移動係数 (1/s)，θ_m：不動水相の体積占有率，c_m：不動水相中の濃度 (mol/m^3) です。機械的分散係数 D は一次元流れでは流速に比例するパラメータであり，実効拡散係数 D_m は水中の分子拡散係数に多孔質媒体の屈曲度を考慮したパラメータです（第 2 章を参照）。

式 (6.1) と式 (6.2) では吸着や溶出は考慮していない単純なモデルになります。しかし，右辺最終項には可動水相と不動水相の濃度差を駆動力とする湧き出し（または吸い込み）が加えられており，雨水浸透によって可動水相が先に洗い流されても，不動水相に残存する化学物質の濃度が高いために可動水相に移行し，可動水相は再び汚染されるといった現象（テーリング現象と呼びます）が考慮されています。これは 6.5.1 項で述べた内容を数式で表現したものであり，長期のトレンドを得るために必要な措置となります。なお，吸着や溶出は考慮していないので，埋立終了した廃棄物埋立層を想定し，その間隙中に塩化物イオンのような非吸着性物質が全量溶け切っていることを前提としたモデルです。

トレンドを得るための物理シミュレーションは式 (6.1) と式 (6.2) によって行いますが，これを実測データと比較したときの，予測誤差をどのようにパラメータ化するのかが課題となります。ここでは，予測誤差を生み出す原因が物質移動係数 k_m にあると考え，最小の予測誤差を与える k_m を実測データとのフィッティングによって求めていきます。

将来予測では，現時点から数十年後（またはそれ以上）を計算によって求めることができますが，一回予測したからといってそれきりで終わるものではありません。予測計算で考慮できていない外乱因子は誤差となって蓄積しますので，図 6.8 のように，実測データの積み重ねとともに将来予測は随時修正しなければなりません。この場合，将来予測に必要となる物質移動係数を実測データの蓄積とともに随時調整し，精緻な数値とすることでより先の将来に対して確実な予測を与えることを考えます。

しかし，式 (6.1) と式 (6.2) からなる連立偏微分方程式を解き最適な物質移動係数を同定するのは手が掛かり，ましてやデータの蓄積とともにこのプロセスを常に繰り返すことは煩雑です。将来予測を求めている最終処

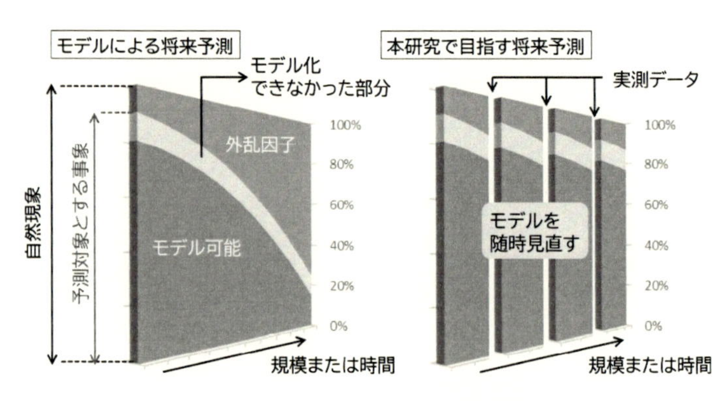

図 6.8　実測データで補完する将来予測手法

分場の実務者にとって利便性が高い方法とは言えません。そこで最終的にはデータフィッティングで補正することのメリットを活かして，偏微分方程式を厳密に解くことなく，その解を簡単な代数方程式で近似することにしました。移流分散方程式の解の特徴として，片対数軸上で濃度と経過時間の関係を描いたとき，その形状はふたつの線形式の組み合わせで表現できます。すると，図 6.9 のように式 (6.1) と式 (6.2) をトレンドとしてデータの蓄積に応じた予測が実現できます。データの蓄積に応じて物質移動係数を調整することになりますが，解はバイリニアで単純化しているので，フィッティング（最小二乗法）は汎用のグラフ作成ソフトウェアでもワンクリックで実現可能です。スクリプト化すれば，データの蓄積とともに予測計算を自動更新できます。

図 6.9 は，最終処分場の浸出水に含まれる塩化物イオン濃度を予測した結果です。横軸は経過時間，縦軸は濃度であり，いずれも無次元化（標準化）しています [10]。プロットは実測データを示し，実線は式 (6.1) の理論モデルをバイリニアで近似し回帰式としてフィッティングしたときの将来予測結果です。図 6.9(a) では埋立終了から時間が十分に経過していない場合で，時系列データはプロット数として 30 個に限られていますが，少ない実測データでも理論モデルで補完することでより先の将来を予測できます。例えば維持管理を止めることのできる基準値を濃度 0.1 とすると，この時点での維持管理期間は無次元時間として 20 程度と見積もられ

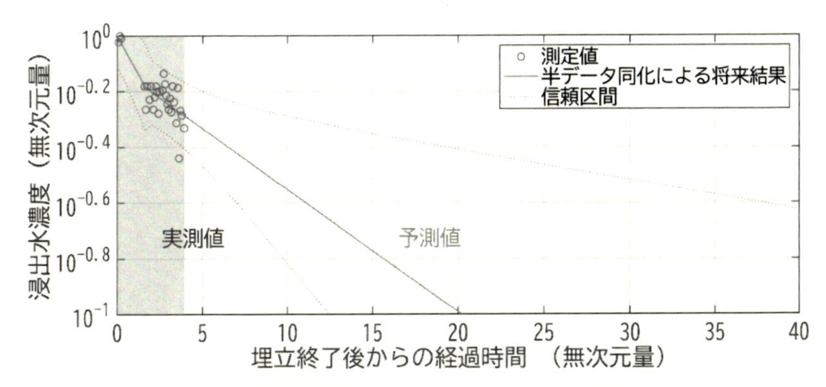

(a)経過時間が短くてまだ十分なデータが無いとき

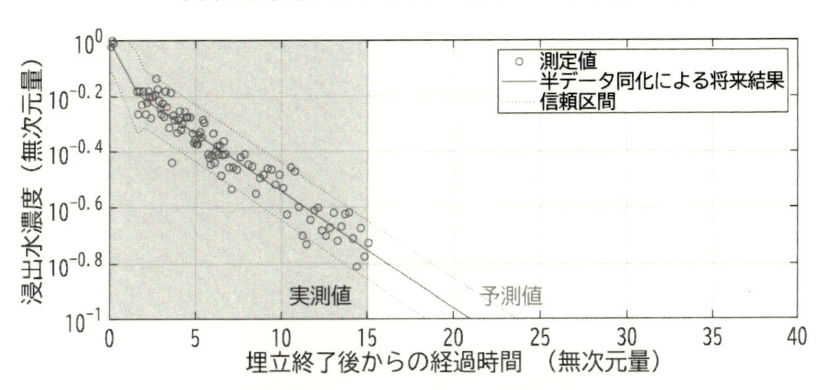

(b)経過時間とともにデータが蓄積されたとき

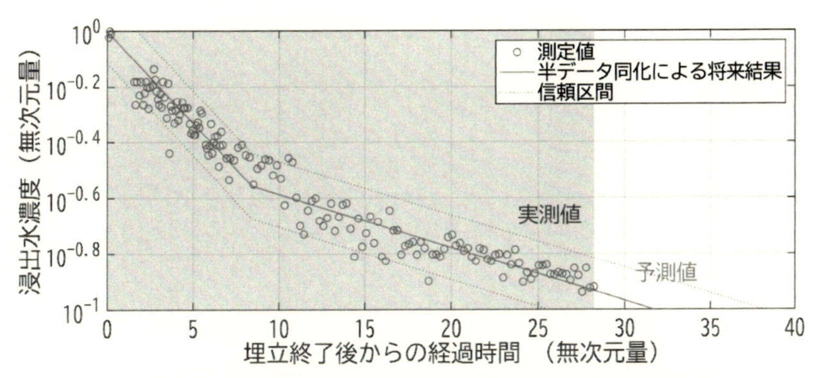

(c)データの蓄積を続けることで正確な予測が実現する

図 6.9　実測データの蓄積とともに将来予測モデルを更新

ます。経過時間が進むにつれて時系列データも増えるので，その都度予測モデルを更新することができます。図 6.9(b) では時系列データがプロット数として 100 個まで蓄積されたときの予測結果を表し，このときの維持管理期間は 20.7 です。予測される維持管理期間には大きな差は現れていませんが，データの蓄積によって信頼区間の幅は狭くなり，予測の信頼性向上に寄与していることが分かります。さらに時間が経過し，その中で蓄積されたデータによって予測モデルの更新を続けると，図 6.9(c) のように，テーリング現象（可動水相の低濃度化が進むにつれて，不動水相から可動水相への物質移行が顕著になること）が明確になり，維持管理期間は 32.1 となり大きく見直されています。このように，実測データを有効活用し，その蓄積に応じて予測モデルを見直すための方法を簡素化することで，維持管理に係る実務者自身でも将来予測を行うことができるようになります [11]。

最後に，本項で示した考え方が適切であるかは今後検討を重ねていかなければなりません。予測誤差を表現するためのパラメータとして物質移動係数を採用していますが，他にも優れたアイデアがあるかもしれません。物質移動係数とは，定義上では，多孔質媒体の任意体積に含まれる不動水相と可動水相の界面面積に依存するパラメータであり，この値は通常では求めることはできないものです（研究では実験結果に対する逆解析から求めることが多いですが，得られた数値が妥当であったのかを検証する術がありません）。廃棄物埋立層であれば，物質移動係数はなおのこと不確実性の高いパラメータなので，予測誤差を表すパラメータのひとつとして見なすのは妥当なところだと考えられます。

なお物質移動係数以外の，分散係数と拡散係数はそれぞれ古くからの研究がありおおよその値を定めることができます [12,13]。また平均浸透速度も平均降雨量を用いることができます。可動水相または不動水相の体積占有率は未解明ではあるものの，物理的に取り得る数値は限定されます。このように，物質移動係数以外には妥当な数値設定ができるので，予測誤差に与える影響は小さいと考えることができます。

6.5.4　情報の有効活用を促すための Web アプリケーション

埋立廃棄物の不均質性と不確実性はこれまで克服できなかった課題ですが，そのブレークスルーとして現れたのが近年のデータサイエンスです。機械学習は入力（最終処分場の諸量）と出力（物理シミュレーションに対する修正量）の関係を結び付けるものであり，これまでの回帰分析と異なるのは人間よりも遥かに多くの説明変数を扱うことができる点です。最終処分場には多種多様なデータが長期にわたり蓄積されているので，まさに機械学習の出番であるとも言えます。つまり，機械学習による統計学的モデリングのために，長期にわたり眠った状態にあるデータをいかに掘り起こすのかが重要な点となります。実務者から協力を得て実測データを収集するためには，この協力によって実務者側が得られるメリットを明確にすること，それを分かりやすく伝えること，継続的な協力関係を築くために互いのモチベーションを高める合う工夫が必要です。

近年の情報社会により「伝える」技術は従来に比べると格段に豊かになりました。図 6.10 から図 6.13 は，対話型プラットフォームに実装しているひとつの Web アプリケーションの画面です。研究者が得意とするデータの管理，可視化，分析，予測を Web アプリケーション化し，実務者が自身の実測データを入力することで管理対象の最終処分場の俯瞰的な理解を支援しています。同時に，実測データが実務上の価値に訴え，有効活用を促すものでもあります。

具体的には，図 6.10 において最終処分場管理者は専用のユーザー ID とパスワードを使って Web アプリケーションにログインします。ログイン後，管理対象の最終処分場の一覧とそれらの概要が表示されます。関心のある最終処分場を選択すると，図 6.11 に進みます。ここでは，選んだ最終処分場で保管されている時系列データの中身を見ることができます。例えば，最終処分場からの浸出水濃度や水量，搬入廃棄物の量や種類，気象情報などが含まれます。

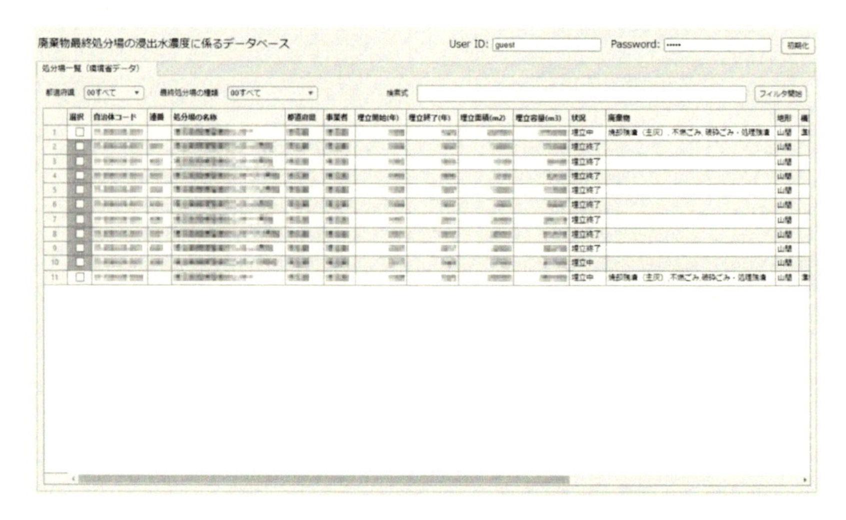

図 6.10　実務者が管理対象とする最終処分場を一覧表示

廃棄物最終処分場の浸出水濃度に係るデータベース　User ID: guest　Password: •••••　初期化

処分場一覧（環境省データ）　選択した処分場データ　データを見る

	自治体コード	連番	処分場の名称	表示名	埋立開始(年)	埋立終了(年)	埋立面積(m2)	埋立容量(m3)	状況	廃棄物	地形	構造	遮水工	水処理	閉鎖/水…
1									埋立終了		山間				
2									埋立終了		山間				
3									埋立終了		山間				

閲覧可能な時系列データ　COD（BOD / COD / Ca / Cl / EC / SS / TN / pH / weather）

	日付	
1		244
2		696
3		250
4		220
5		160
6		400
7		180
8		290
9	1989/10/11	100
10	1989/11/10	46
11	1989/12/11	99
12	1990/01/23	83
13	1990/02/08	110
14	1990/03/02	71
15	1990/04/18	130
16	1990/05/10	57
17	1990/06/06	86
18	1990/07/04	29

閲覧可能な時系列データ　waste

	日付	一廃焼却灰(t/d)	し尿焼却灰(t/d)	溶融スラグ(t/
1	1996/12/02	114.0400	1.5800	N
2	1996/12/03	84.3200	NaN	N
3	1996/12/04	119.0800	1.5600	N
4	1996/12/05	79.1600	NaN	N
5	1996/12/06	73.6200	NaN	N
6	1996/12/09	131.4400	NaN	N
7	1996/12/10	72.7800	19.8600	N
8	1996/12/11	104.6000	NaN	N
9	1996/12/12	112.5600	NaN	N
10	1996/12/13	78.4600	NaN	N
11	1996/12/16	97.0600	1.6200	N
12	1996/12/17	82.4200	3.7400	N
13	1996/12/18	93.4600	NaN	N
14	1996/12/19	127.3200	3.6200	N
15	1996/12/20	87.4200	NaN	N
16	1996/12/24	129.3000	NaN	N
17	1996/12/25	139.1600	NaN	N

閲覧可能な時系列データ　weather

	日付	降水量(mm/d)	気温(degC)
1	1976/01/01	0	0
2	1976/01/02	0	0
3	1976/01/03	0	0
4	1976/01/04	0	0
5	1976/01/05	0	0
6	1976/01/06	0	0
7	1976/01/07	0	0
8	1976/01/08	0	0
9	1976/01/09	0	0
10	1976/01/10	0	0
11	1976/01/11	0	0
12	1976/01/12	0	0
13	1976/01/13	0	0
14	1976/01/14	0	0
15	1976/01/15	0	0
16	1976/01/16	0	0
17	1976/01/17	0	0
18	1976/01/18	0	0

図 6.11　選択した廃棄物埋立地で保有するデータの中身を確認

図 6.12 では，時系列データをグラフで可視化しています。左のグラフは廃棄物の搬入量と内訳を示しており，デフォルトでは横軸は計測日時，縦軸は廃棄物の日搬入量または月搬入量となっています。横軸と縦軸の表

示形式はトグルスイッチによってワンクリックで変更でき，横軸を埋立開始日からの経過年数で表示したり，縦軸を搬入廃棄物の累積量で表示することができます。右のグラフは浸出水濃度と時間の関係を示しています。閲覧したい水質項目にチェックを入れることで，選択した水質の濃度変化を表示したり，同時に，他の水質項目の濃度データを併記したり，他の最終処分場の濃度データも載せることができます。左のグラフと同様に，横軸と縦軸はトグルスイッチによって表示形式を変更でき，横軸を計測日時ではなく経過年数で表示することや，縦軸は線形スケールではなく対数スケールで表示することが可能です。

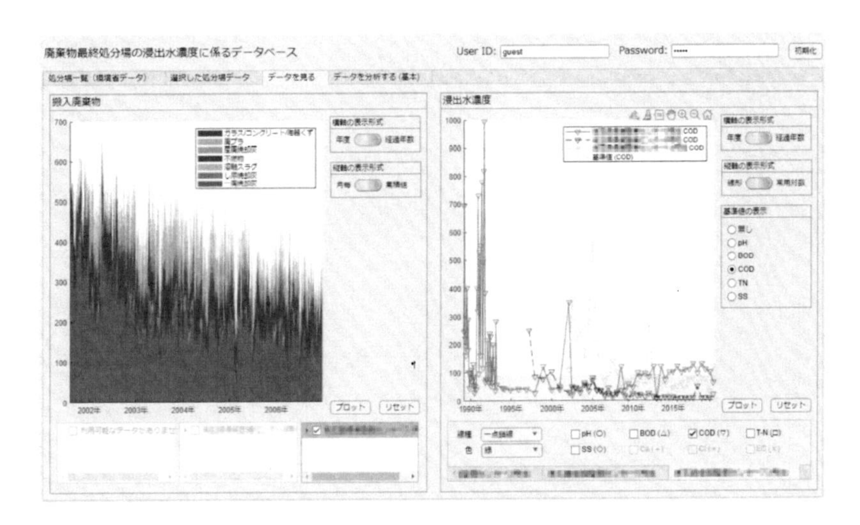

図 6.12　保有するデータの可視化と比較

ここまではデータの可視化に限った機能ですが，次の図 6.13 では，研究者のスキルを使ってデータ分析を支援し，最終処分場の推移をより分かりやすく表現しています。左のグラフでは浸出水に含まれる化学物質の総放出量を時系列で整理しています。その経年変化を示すことで，増加傾向か減少傾向かを判断できます。単純な濃度と経過時間の関係ではばらつきが目立ってしまう場合でも，累積をとることで時系列的な変化を分かりやすく表現できます。これは，最終処分場の安定化状況（化学物質の放出量）の推移を把握し，予測するのにも役立ちます。計算の内容は浸出水濃度と浸出水量を掛け算して時間方向に積算するだけですが，濃度の測定日と水量の測定日が同期していないときには補間が必要になるので，実際に計算するのは容易ではありません。専門知識のもと煩雑な計算が必要なので，日々忙しい実務者には敬遠される作業です。

しかし Web アプリケーションにスクリプトとして実装しておけば誰もが共通利用でき，煩雑な作業を行わずともデータの有効利用を進めることができます。また右のグラフでは，選択した水質について濃度の将来予測を行ったものであり，このように研究者が得意とする分析も Web アプリケーションという手段を通じて提供することで，実務者自身もワンクリックで行えるようになり，データの有効活用を促すことができます。

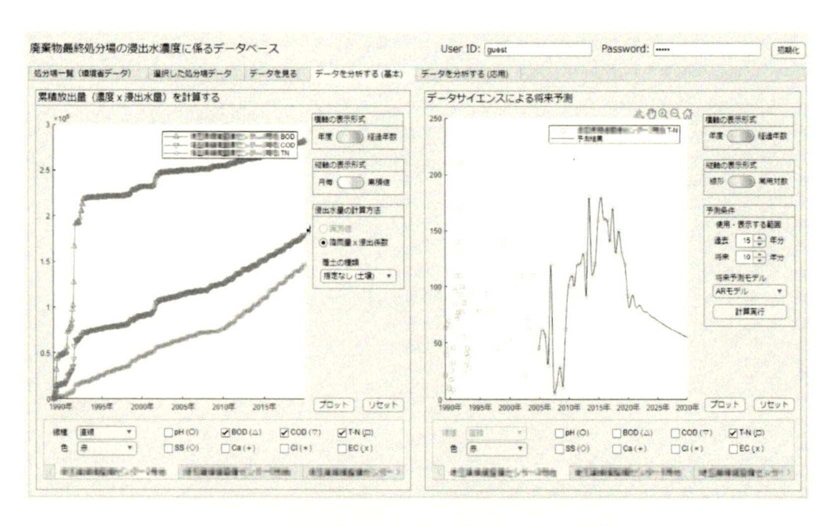

図 6.13　研究者のスキルを活用したデータ分析

著者らは，研究者と実務者が同じ目線で議論し，双方向から情報を積み重ねることで，実用的な将来予測手法をともに構築できると信じています。社会還元性の高い成果を得るためには実務者との協力体制が必須です。著者らは，ある地方自治体の協力の下，市町村の最終処分場管理を担当している実務者との勉強会を通じて，対話型プラットフォームの実装に向けた意見交換を進めています。このような取り組みは，実測データの収集と有効活用のみに限らず，最終処分場における運営上の課題や経験，対策事例，およびその効果を共有する上でも大変効果的でした。

対話型プラットフォーム実装の早期実現には，最新の情報技術をもつソフトウェア会社，データやアンケート等を効率よく収集するコンサルティング会社，使いやすい対話型プラットフォームを設計するデザイン会社などの広範な協力も必要になります。他分野および多業種の間でコミュニケーションを図るのは大変難しいことですが，各々が得意とする技術を組み合わせることができれば，研究者と実務者の連携強化は加速化できることを実感しています。

6.6　結び

廃棄物の埋立処分には非常に長い歴史があります。しかしながら，知識や経験，実測データ等は体系的には集約されておらず，情報の共有化による次世代の養成，引き継ぎが難しい状況が続いていました。将来懸念される高齢化や人口減少に起因する研究者と実務者の人員不足はこれらの状況を深刻化させる恐れがあります。

最終処分場の設計や維持管理，廃止の判断は，一部の有識者によるプロフェッショナル的な解が求められている側面があり，加えて，最近の社会動向に追随する環境汚染に対する不安や搬入廃棄物の多様化，最終処分場の延命等の課題に立ち向かうべく有識者への期待がさらに高まっています。有識者による学術的な最適解と，最終処分場に係るその他の立場の人々による意見や要望，不安といった情報を早い段階で共有することが，相互理解を促し，合意のもとでデザインされた最終処分場を作るために不可欠だと考えられます。すなわち，設計・施工に携わる民間会社にはモノづくりの視点，最終処分場管理者には長期にわたる運営のなかでの担当者間での引き継ぎや施設の維持管理方法を見据えた視点，また市民には日常生活における視点があります。これらを立場にかかわらず共有しておくことが大切です。

そして，私たちの生活に不可欠である最終処分場を身近な存在と感じてもらえるよう，その設計や管理がどのようになされているのかを示していくことが必要です。本章で紹介した対話型プラットフォームは，研究者，行政，民間企業，および市民の判断を助けるものであり，知識共有の場としても役立つので，お互いがより近い目線で対話できるようになると考えられます。

著者らは行政との関わりが深い研究者としてその責務を全うし，最終処分場の将来を見据えた設計，維持管理が安心して行えるよう，実務者との連携を強化するよう働きかける所存です。なお，本章に記載した活動は，環境研究総合推進費 (JPMEERF20213003)「先が読めない廃止期間を、半物理・半統計的に評価するための最終処分場エミッションモデルの構築・課題番号 3-2103」（研究代表者：国立環境研究所・石森洋行）によって行われています。関係各位に感謝申し上げます。

参考文献

[1]　田中信壽: 数値埋立処分工学の開発-計算プロトタイプの構築, 文部省科学研究費補助金基盤研究 (c), 研究成果報告書 (2002).
https://kaken.nii.ac.jp/ja/grant/KAKENHI-PROJECT-12650538/（2024 年 10 月 7 日参照）

[2]　廃棄物資源循環学会埋立処理処分研究部会: 廃棄物最終処分場廃止基準の調査評価方法 (2001).
https://www.eng.hokudai.ac.jp/labo/wdlw3/umetate/siryo/200104/H11-13report001.pdf（2024 年 10 月 7 日参照）

[3]　柳瀬龍二: 廃止した産業廃棄物最終処分場に関するアンケート調査について, 廃棄物資源循環学会, 埋立処理処分研究部会主催: 令和 2 年度企画セッション「廃棄物最終処分場の廃止について―一般廃棄物処分場における自主基準値及び廃止した産業廃棄物処分場へのアンケート調査―」(2020).

[4]　環境省: 持続可能な適正処理の確保に向けたごみ処理の広域化及びごみ処理施設の集約化について, 環循適発第 1903293 号 (2019).
https://www.env.go.jp/hourei/11/000652.html（2024 年 10 月 7 日参照）

[5]　島岡隆行, 東條安匡, 吉田英樹, 高橋史武, 小宮哲平: 完了を迎えた廃棄物処分場の安全保障のための有害物質長期動態シミュレーターの開発, 環境省環境研究総合推進費補助金, 総合研究報告書 (2012).
https://www.env.go.jp/policy/kenkyu/suishin/kadai/syuryo_report/pdf/

K2357.pdf（2024 年 10 月 7 日参照）

[6] 山田正人, 石垣智基, 松藤康司, 田中綾子, 遠藤和人: 埋立地ガス放出緩和技術のコベネフィットの比較検証に関する研究, 環境省環境研究総合推進費補助金, 成果報告会発表資料 (2012).
http://www.env.go.jp/policy/kenkyu/special/houkoku/data_h24/A-1001.html（2024 年 10 月 7 日参照）

[7] Vanderbilt University: Leaching Assessment Tool; LeachXS ver 3.0 (2018).
https://www.vanderbilt.edu/leaching/（2024 年 10 月 7 日参照）

[8] 山本真哉: 土木分野の工学シミュレーヨンと不確かさ, 計算工学, Vol.22, No.1, pp.16-19 (2017).

[9] 肴倉宏史, 水谷 聡, 田崎智宏, 貴田晶子, 大迫政浩, 酒井伸一: 利用形状に応じた拡散溶出試験による廃棄物溶融スラグの長期溶出量評価, 廃棄物学会論文誌, Vol.14, No.4, pp. 200-209 (2003).

[10] 岩佐義朗, 綾史郎, 小門武: 移流分散方程式の数値解析, 『京都大学防災研究所年報. B』, Vol.21, No.B-2, pp.307-317 (1978).

[11] 石森洋行, 磯部友護, 石垣智基, 山田正人: 中身が見えない埋立地の予測のための半データ同化の実現に向けて～実務者との対話型プラットフォーム～, 『第 29 回計算工学講演会講演論文集』, Vol.29, pp.938-943 (2024).

[12] Rowe, R. K.: Barrier Systems for Waste Disposal Facilities, Routledge (2019).

[13] Millington, R. J. and Quirk, J. P.: Transport in porous media, The 7th Transactions of the International Congress of Soil Science, pp.97-106 (1960).

第7章

放射能汚染廃棄物の埋立処分方法を考える

2011 年 3 月 11 日，東日本大震災が発生し，その影響で東京電力福島第一原子力発電所の事故が起こりました。この事故で，原子炉から放射性セシウムが放出され，大気を通じて広範囲に拡散しました。放射性セシウムは私たちの日常生活にも浸透し，日常生活で出る廃棄物にも含まれるようになりました。日本では廃棄物は焼却して減容化するので，焼却灰の中には放射性セシウムが濃縮されてしまいます。そのため，これらを最終処分場の埋立処分する際に大きな課題となりました。このような緊急の課題に対しても行政は迅速に対策を講じる必要があり，その際に数値シミュレーションが活用されました。ここでは，その事例を紹介します。

7.1　放射性物質が混入した廃棄物の処理と現状

東京電力福島第一原発事故後，放射性物質に汚染された廃棄物（例えば焼却灰）の処理には，放射性物質の濃度に基づいて異なる方法が用いられています。現在，廃棄物に含まれる放射性物質の濃度は「固体濃度」と呼ばれ，この濃度が 8,000 Bq/kg 以下であれば特定の方法で処理されます。これは，作業を行う人々が受ける放射線の量を基に決められた数値です。

通常，重金属やその他の有害物質が含まれる廃棄物の処理では，廃棄物から地下水などに溶け出す可能性がある物質の量を測定する「溶出試験」によって処理方法が決定されますが，放射性物質に汚染された廃棄物の場合，現時点では作業者の安全が最優先されています。埋立処分している地域の住民への影響も最小限に抑える必要があるため，放射性物質が含まれる廃棄物の固体濃度に基づく規制が設けられています。

しかし，放射性物質を含む水が地下に浸透する場合，既存の水処理設備だけでは対応が難しいことがあるため，浸出水への影響も考慮する必要があります。廃棄物には，放射性物質が溶け出しやすいものと溶け出しにくいものがあります。例えば，家庭や事業所から出る一般廃棄物の焼却飛灰は溶け出しやすいのに対し，一般廃棄物の主灰や下水汚泥の焼却灰は溶け出しにくいとされています。

このように，放射性物質に汚染された廃棄物の処理においてはさまざまな留意点があり，浸出水への影響も含めた総合的な管理が求められます。

7.2　最終処分場における放射性物質の挙動

放射性セシウムを含む焼却灰などを最終処分場内でどのように埋め立てるのかによって，浸出水中の放射性セシウム濃度が変わります。つまり，埋立方法を工夫することで，浸出水中の放射性セシウム濃度を減らすことが可能です。このような埋立方法を見つける際に，数値シミュレーションが非常に役立ちます。ただし，このシミュレーションを実施するには，放射性セシウムの基本的な性質を事前に理解しておく必要があります。これらの諸性質がシミュレーションの入力条件となるからです。

7.2.1　放射性セシウムの溶出特性

放射性セシウムを含んだ焼却灰を最終処分場に埋め立てた後の放射性セシウムの動きを知るためには，まず焼却灰からどのように放射性セシウムが溶出されるのかを調べる必要があります。廃棄物中に含まれる化学物質の溶出特性は，第 3 章で述べたような溶出試験によって調べることができます。公的な試験方法として確立している JIS K 0058-1 等に従いながら [1]，溶出試験を行い，または試験条件の一部を変更することで，シミュレーションの入力条件となる放射性セシウムの発生量を求めていきます。

図 7.1 は，放射性セシウムを含む焼却灰として，主灰（もえがら），飛灰（ばいじん），下水汚泥焼却灰の 3 種類を対象に，放射性セシウムの溶出性を調べたものです。縦軸はセシウムの溶出率を示しており，廃棄物中に含まれる放射性セシウムのうち，液体に溶け出す量を割合で表したものです。放射性セシウムを対象に評価を行っていますが，濃度があまりに低くて測定できない場合は，図中の＊が示すように安定セシウムによって参考値を示しています。放射性セシウムまたは安定セシウムのいずれでも測定できないほど濃度が小さく，溶出率を評価できなかったものについては ND (Not Detected) として表示しています。

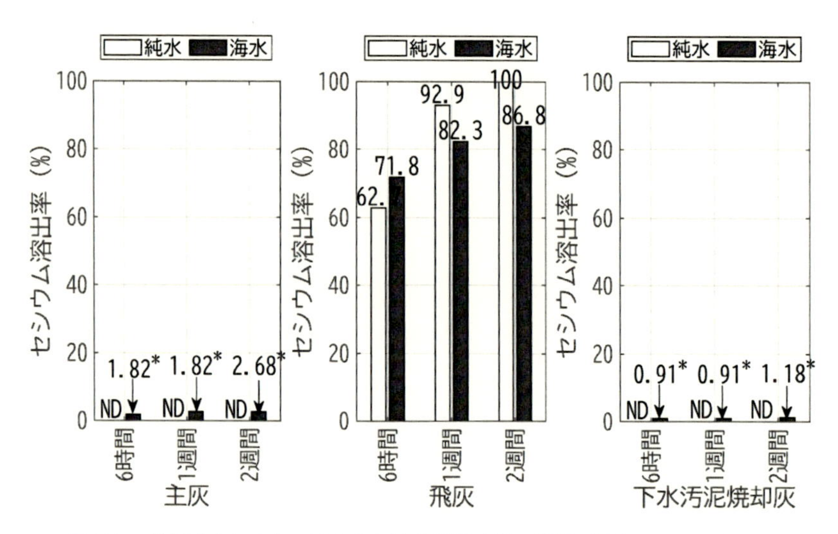

図 7.1　放射性セシウムの溶出率と溶出試験時間の関係（図中の＊は安定セシウムの溶出率を示します）

特徴的な点は，飛灰に含まれる放射性セシウムは瞬時に水に溶けやすいというところです。時間とともに溶ける量が増えていますが，数十年以上もの最終処分場の維持管理期間を考えれば，数日による溶出量の変化を厳密に表現する必要はなく，飛灰を埋め立てた時点で放射性セシウムは全量溶出するものとして扱うのが適切です。飛灰に含まれる放射性セシウムの溶出性が高い理由については，原発事故後すぐに解明されており公開もされています [2]。要約すると，焼却処理時の燃焼下では放射性セシウムと塩素は揮発しますが，揮発したガスの処理過程のなかで，冷却する際に塩化セシウム（固体）が形成されて飛灰とともにバグフィルターで回収されるということです。塩化物は水溶性が高いので，その結果，飛灰中の塩化セシウムは図 7.1 のように短時間で全量溶出することになります。

主灰と下水汚泥焼却灰では，溶出した放射性セシウム濃度が検出できないほど低い値であり，溶出率は低いと見込まれます [3]。一般環境中に存在する安定セシウムに着目して主灰と下水汚泥焼却灰の安定セシウムの挙動を見たとしても，溶出率は高くても３％と見込まれます。たとえ３％であっても主灰と下水汚泥焼却灰中の放射性セシウム含有量（固体濃度）

が高い場合には軽視できませんが，先述のとおり焼却時にはほとんどの放射性セシウムは揮発して飛灰に移行するので，固体濃度は飛灰よりも低くなります。

7.2.2　放射性セシウムに対する土壌吸着

土壌には化学吸着し，物質移動を遅らせる働きがあります。このことを利用して，放射性セシウムを含む廃棄物をより安全に処理する方法について説明します。例えば，焼却灰に含まれる放射性セシウムが万が一溶出した場合，その下に土壌層を敷くことで溶出した放射性セシウムを吸着し，遅延した移動速度のなかで，自己崩壊性を持つ放射性セシウムは濃度減少します。これにより，焼却灰から放射性セシウムが漏れた場合でも，その影響を最小限に抑えることができるのです。

放射性セシウムに対する土壌吸着性が高いことは，チェルノブイリ原発事故後の調査や多くの研究によって示されました [4,5]。しかしその吸着特性は，土壌の pH（酸度・アルカリ度）や共存するイオンの種類 [6,7] と量によって変わるため，最終処分場内部の環境条件で土壌吸着層を設計することが非常に重要です。特に，焼却灰直下に置かれる土壌は，焼却灰から同時に溶出するアルカリや電解質の影響を受けやすいためです。

東京電力福島第一原発事故後の焼却施設から採取した飛灰を水に溶かして溶出液を作成し，それを吸着試験の供与液として用いることで，焼却灰埋立の環境下で見込める土壌等の吸着特性を調べました。図 7.2 は，放射性セシウムに対して発揮できる吸着能力を数値で示しています。分配係数が大きいほど吸着性が高いことを意味します。試験手順は第 3 章の吸着試験に従っています。さらに具体的な情報については既往研究の論文をご覧ください [8]。

図 7.2 に示すとおり，電気伝導率 2,000 mS/m をもつ飛灰溶出液中の放射性セシウムに対する分配係数は，標準砂（珪砂 5 号）で 5 mL/g，真砂土で 10 mL/g，ベントナイトで 60 mL/g 程度でした。これらの値は既往研究等で報告されている放射性セシウム単一溶液に対する分配係数よりも低い値であり，これは飛灰溶出液中のカリウムおよび安定セシウムが放射性セシウムの吸着性を阻害したためだと示唆されました。

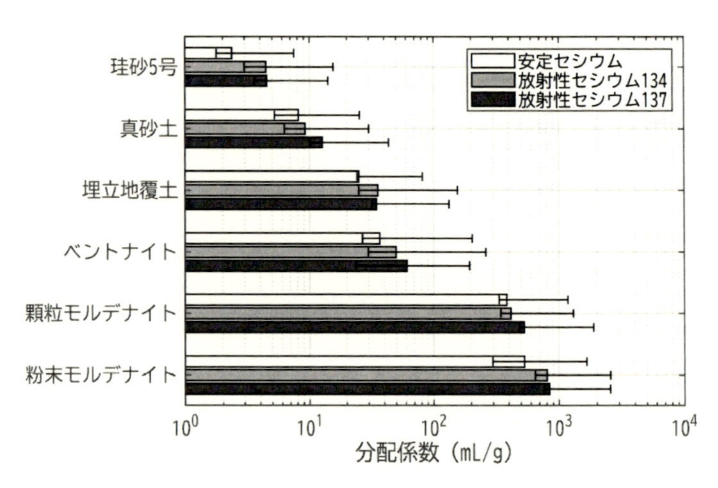

図 7.2　放射性セシウムに対する分配係数（電気伝導率 2,000 mS/m）

セシウムの原子核は他の元素に比べると大きいので，水中におけるセシウムイオンの周りの水和殻の厚さは薄くなります。水和殻の厚さは吸着力の目安のひとつです。吸着が起こるためには，イオンの周りにある水和殻を取り除く必要があります。水和殻が薄ければそれを取り除くためのエネルギーは少なくて済むので他との吸着が容易になり，厚くなるにつれて水和殻を取り除くためのエネルギーが多く必要になるので他との吸着が難しくなります。先述したように，セシウムイオンは他の元素に比べると水和殻が薄いので，言い換えれば数あるイオンのなかでセシウムは最も優先して吸着しやすい元素であること意味します。脱線しますが，原発事故後には構造物等に付着した放射性セシウムを除去するための除染活動が行われたものの，除染は容易なものではなく多大な労力と時間を要しました。この原因は，セシウムが元素の中でも特に強固に吸着し得る特性を持っていたためです。

吸着阻害の話に戻します。放射性セシウムの吸着を阻害するのは，同じような原子核の大きさをもつものとなります。すなわち，周期表で近い位置にあるカリウム，または同位体である安定セシウムが吸着の阻害因子となると考えられます。ミリグラムオーダーで存在する安定セシウムは，ベクレルオーダーの放射性セシウムよりも存在量が遥かに多いので，安定セシウム自体が放射性セシウムの吸着を阻害することになります。

なお，放射性セシウムに対する吸着特性は共存する化学物質（pH，イオン，腐植物質等）や吸着材の結晶構造や初期吸着イオン，吸着容量にも左右されますので，ここでの分配係数は目安としての値であり，条件により変わることに留意する必要があります。

7.2.3　放射性セシウムに対する浸出水処理

焼却灰のような汚水を発生し得る廃棄物は，管理型最終処分場で埋め立てることになります。管理型最終処分場には，図 1.8 に示すように，汚水をきれいにするための浸出水処理設備が備わっています。汚水は，理想的には最終処分場内で生じる自然な自浄作用（ろ過，吸脱着，酸化還元，沈殿等）によってきれいになるのが望ましいですが，不特定で幅広い廃棄物を受け入れなければならない管理型最終処分場では，自浄作用の許容量を超えることもありますので浸出水処理設備の設置が義務付けられています。放射性セシウムを含む焼却灰は前例のない廃棄物ですので，既存の浸出水処理設備で除去可能であるのかを調べる必要がありました。

図 7.3 は，東京電力福島第一原子力発電所から比較的距離が近くて放射性セシウムの飛散の影響が高いと考えられた管理型最終処分場の浸出水処理設備の性能を調査した結果です。各処分場で導入されている浸出水処理プロセスは異なります。原発事故後すぐに調査を行ったこともあり，放射性セシウムが検出できないほど低濃度であった場合や，浸出水または処理水の採取箇所が屋外で開放状態にあり廃棄物由来ではなく大気経由での混入が考えられた場合もあり，放射性セシウム濃度からみた性能評価には限界がありました。一方で，安定セシウムは一般環境中に存在する化学物質です。原発事故以前からも最終処分場内で一定の動態を示していたと考えられるので，安定セシウムの浸出水処理前の原水濃度と処理後の処理水濃度を比較すると次のようなことが分かりました。

	主な浸出水処理プロセス								放射性Cs (Bq/L)		安定Cs (ug/L)	
									原水	処理水	原水	処理水
A施設	**Ca除去**	**生物処**	**凝集沈**	**砂ろ過**	膜分離	RO膜	活性炭	キレート	9.59	17.1	42	35
B施設	**Ca除去**	**生物処**	**凝集沈**	**砂ろ過**	膜分離	RO膜	活性炭	キレート	9.34	8.87	16	18
C施設	Ca除去	**生物処**	**凝集沈**	**砂ろ過**	膜分離	RO膜	**活性炭**	キレート	---	---	<1	2
D施設	Ca除去	**生物処**	**凝集沈**	**砂ろ過**	膜分離	RO膜	**活性炭**	キレート	---	9.68	<1	2
E施設	Ca除去	**生物処**	**凝集沈**	**砂ろ過**	膜分離	RO膜	活性炭	キレート	---	---	<1	<1
F施設	**Ca除去**	**生物処**	**凝集沈**	砂ろ過	膜分離	RO膜	**活性炭**	キレート	---	3.29	28	25
G施設	Ca除去	生物処	**凝集沈**	砂ろ過	**膜分離**	**RO膜**	活性炭	キレート	---	---	79	<1
H施設	**Ca除去**	**生物処**	**凝集沈**	砂ろ過	**膜分離**	RO膜	**活性炭**	**キレート**	233	145	1,100	850

図 7.3　放射性セシウムに対する既存浸出水処理の効果

一般的な浸出水処理で用いられる生物処理，凝集沈殿，砂ろ過では，セシウムを除去することはできず，高度処理（二次処理）として位置付けられる活性炭やキレート処理でも除去することは難しいことが示唆されました。しかしながら，RO 膜はセシウムを除去できる可能性があることが分かりました。

このような調査結果から，既存の浸出水処理設備ではセシウムを除去するための能力が備わっていないと考えられ，セシウムを特異吸着して除去可能なゼオライトを処理プロセスに追加する必要性が考えられました。しかし浸出水処理設備は近隣の生活環境を守るための最終ディフェンスラインなので，放射性セシウムはその前段で低濃度化することが何よりも大切になります。したがって，放射性セシウムが混入した焼却灰（特に溶出性の高い飛灰）を埋める際には，当該の焼却灰が降雨等によって曝されないように雨水浸透を遮断することや，万が一溶出してしまった場合に備えて当該焼却灰の下部に土壌吸着層を設けること，などの埋立の方向性が示されました。

7.3 放射性物質に汚染された廃棄物の埋立方法

7.2 節で示したように，放射性セシウムを含む廃棄物であったとしても，既存の管理型最終処分場に埋め立てられることが示されました。これは，覆土等によって地域住民に対する放射線の影響（以降，被曝量）を制御することが可能であることや，跡地利用を制限することで一般公衆に対する被曝線量も制御可能であることが理由として挙げられます。管理型最終処分場は底部に遮水工があり，水が場外へと漏洩しない封じ込め施設として建設されており，最終処分場内の水は集排水管によって集められて浸出水処理後に放流する仕組みとなっています。よって，浸出水に対する配慮も求められます。浸出水処理によって放射性セシウムを止めることは合理的でないことから，浸出水へと溶出させないような埋立を行うことが重要です。

7.3.1 上部隔離層

放射性セシウムの固体濃度が 8,000 Bq/kg 以上の廃棄物や，8,000 Bq/kg 以下であっても溶出しやすい飛灰等の廃棄物に関しては，溶出の起源となる雨水との接触を防ぐための措置が必要です。廃棄物の上部に遮水層を設置することで，廃棄物を雨水浸透から隔離します。このような遮水層を上部隔離層といい，最終処分場内へと浸透する降雨量を涵養量と言います。この涵養量の大小によって浸出水への溶出は大きく変化します。上部隔離層に求められる性能は，遮水性と変形追従性，施工性，（放射能に対する）遮蔽性です。

- 遮水性は，透水係数を小さくすることと，排水勾配を設けることによって確保可能です。排水勾配は，不同沈下（埋立物には柔らかい廃棄物もあれば硬い廃棄物もあり，またこれらの締固め具合もさまざまであるため，廃棄物埋立地では締固めが緩いところから局所的に沈下します）のことも考慮すると 5 %は必要と考えられます。透水係数としては，周辺の廃棄物埋立層よりも少なくとも 2 オーダーは低い透水係数を与えることで，十分な遮水性を確保することが可能です。
- 変形追従性は，不同沈下対策として求められる機能です。一般的には自己修復性を有する膨潤性粘土鉱物を用いることで対応がとられます。
- 上部隔離層は，中間覆土代替として設置されることから，数日から数週間に１度の施工となり，連続施工とはなりません。したがって，特殊な重機等を用いないと施工できない方法では維持管理が困難になります。このことから，通常の管理型最終処分場で用いられるショベルカー等を用いた工法を採用する必要があります。
- 遮蔽性は，隔離層の充填密度（かさ密度）と厚みによって制御されます。これまでの報告ですと，通常の締固め土壌であれば 50 cm の厚みで十分とされています。

上部隔離層についてのみを詳述しましたが，セメント固化の強度が十分でなく，溶出しにくいと判断できない 8,000～100,000 Bq/kg の廃棄物については，側面にも隔離層が求められます。このとき必要な性能は上部隔離層と同様です。

7.3.2　下部土壌層

これまでの埋立や仮置きに関する通知文等に一貫して述べられていることとして，廃棄物を置く際，通常その下には特定の土壌層を敷くことを推奨する，というものがあります。この土壌層の目的は，廃棄物から漏れ出る可能性のある放射性セシウムを吸着によって捕捉することです。土壌層には，主に２つの重要な特性が求められます。ひとつは放射性セシウムを含む溶出液が浸透できる通水性をもつこと，もうひとつは通水中に放射性セシウムを捕捉できる吸着性をもつことです。

しかし，このような吸着層を設計する事例は現在まで少なく，どの種類の土壌が適切なのか，どのように敷設するかという明確なガイドラインはありませんでした。土壌層という名前であることから，砂や礫，スラグ等は使用できません。砂や礫は水を通すものの，放射性セシウムに対する吸着能力が低いためです。適切な土壌としては，真砂土やシルト質の土壌が選ばれます。吸着性のみを考えれば，粘土質土壌が最も性能が良いということになりますが，粘土分（75 μm 以下の粒径）が多すぎると通水性が悪くなるので，溶出液が土壌層内に入り込まない恐れが出てきます。そのため，適切な土壌が手に入らない場合は，通水性と吸着性吸着性を兼ね備えた材料を組み合わせて土壌層を作ることが求められます。

このように土壌層の設計と施工は容易なことではありません。最も重要な対策は上部隔離層（場合によっては側部隔離層も含む）であり，下部の土壌層は仮に水が入ってしまったときの補助的な役割として，フェイルセーフ機能のひとつとして考える方が無難です。

これまでの通知文では，埋立や仮置きにおいて下部にも隔離層（遮水層）が必要ということになっていますが，集水しない構造で下部を遮水する行為は，工学的には危険と考えられます。なぜなら，下部に隔離層を設けてしまえば，遮水されてその上に水が溜まりますが，隔離層のどの位置に溜まっているのかが分からないためです。溜まっている位置が分からなければ水を抜いて適正処理することはできません。したがって，溜まった水は第２章で述べたように水位として蓄積されて，やがて漏れを引き起こしてしまう恐れがあります。

では下部隔離層は不要なのでしょうか？　それはケースバイケースです。例えば最終処分場の底部遮水層のように放出を防がなければならない対象が膨大であれば，確かな設計のもと，集水構造をもたせた遮水層を敷設する必要があります。しかし前項で示したような上部隔離層が機能し，その下にある廃棄物埋立層への雨水浸透を十分に防止できているのであれば，その廃棄物埋立層から発生する浸出水の量は少なくなります。対象が少ないのであれば，浸出水の流れをせき止めるような隔離層を設けるよりも，浸出水を自然な流れのまま浸透させて吸着除去できる土壌吸着層を設けるのが合理的です。実際，原発事故時に降下したセシウムは土壌表面から数センチ以内に留まっているので，セシウムに対する土壌の吸着性は十分であることが分かります。言い換えれば，数センチオーダーの厚みをもつ土壌吸着層でも浸出水からセシウムを除去できるので，セシウムについては土壌層を通水させても系外には漏洩しない，と言えます。したがって，下部は遮水層で隔離するのではなく，吸着層としての隔離に留めるべきと考えています。

7.4　放射性セシウムの溶出量を考慮した浸出水への影響評価

焼却灰に含まれるセシウムが水に溶け出す割合は，すべてが一律ではありません。例えば，下水汚泥を焼却した灰からは全体の３%以下しかセシウムが溶け出しません。一方，一般廃棄物を焼却した飛灰では 100 % に近い溶出率であり，キレート処理やセメント添加処理等を施しても，溶け出すセシウムの量は数十%に達します。例えば，放射能が 10,000 Bq/kg の灰から 10 % が溶け出す場合と，100,000 Bq/kg の灰から１% が溶け出す場合では，水にとっては同じ負荷量となります。溶出時間が異なるという点はありますが，放射性セシウムの移動や減衰の時間からすると溶出時間は短いので，影響評価においては大きな影響を及ぼしません。

本節では，JIS K 0058 から求められる溶出率等のデータを入力条件として，最終処分場内の放射性セシウムの動きを数値シミュレーションによって評価することで，安全な埋立処分を行うための事例を紹介します。

7.4.1　計算モデル

図 7.4 は放射性セシウムを含む廃棄物を埋め立てた最終処分場の概略図です。廃棄物は１日に厚さ 300 cm までしか埋め立てることができないため，フレキシブルコンテナに入れられた廃棄物であれば，おおよそ３段積みとなります。上部には遮水性を有する隔離層が必要であることから，厚さ 50 cm 程度の難透水性土壌層が設置されます。土壌層としているのは，廃棄物の圧縮沈下等に伴う不同沈下に対する変形追随性をもたせることが理由です。多少の沈降があったとしても，透水係数が極端に増加することのないような材料を用いる必要があります。また，廃棄物層の下部には吸着を目的とした土壌層が必要です。上部も下部も隔離層という概念ですが，その目的は異なるため，下部の吸着目的の隔離層にはセシウムが吸着する材料を選択する必要があります。なお，土壌層と書きましたが，人工

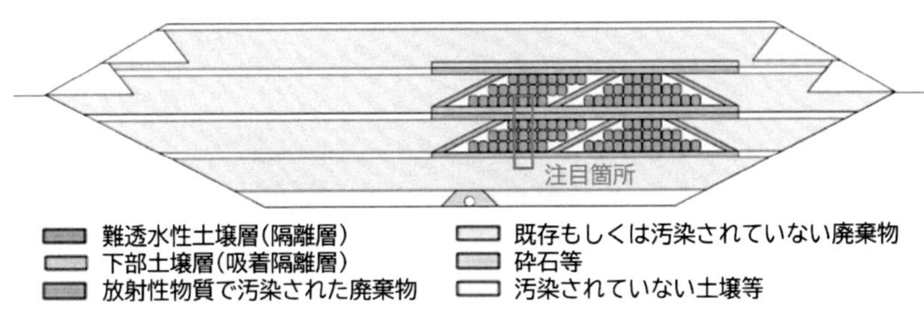

(a) 放射性セシウムを含んだ溶出性の高い廃棄物の埋立方法

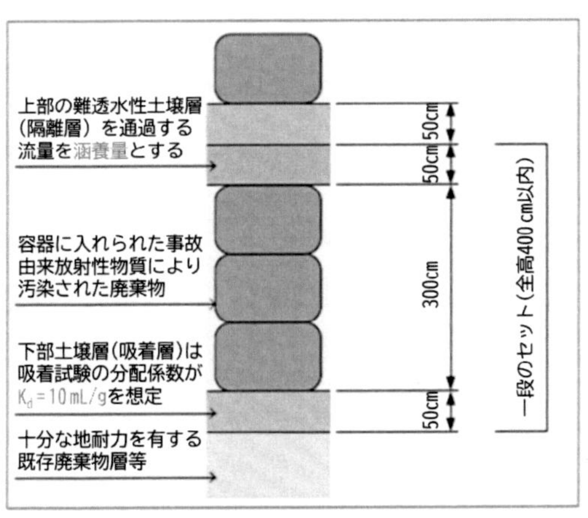

(b) 解析対象箇所の抽出と説明

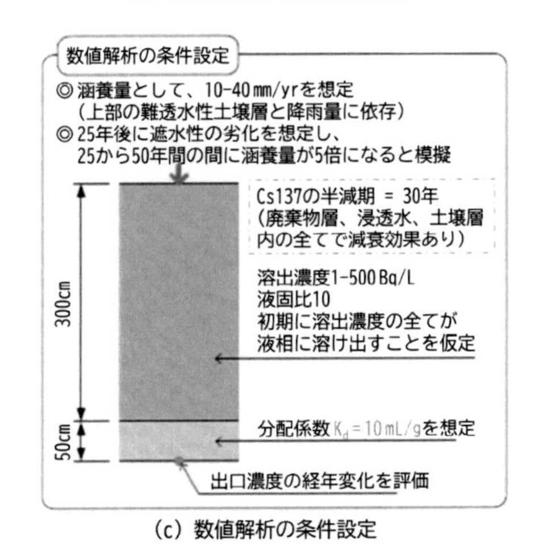

(c) 数値解析の条件設定

図 7.4　解析対象とパラメータ設定の考え方

的な材料でも変形追随性と吸着性，地耐力があれば問題ありません。

通水流量の条件

図 7.4 には，数値モデルの条件設定も示しています。上部の隔離層である難透水性土壌層の透水係数と，地域の降雨量，廃棄物の透水係数によって，この隔離層を通過する流量は変化します。ここでは，この通過水量を涵養量としました。上部の隔離層の遮水性は 25 年間は発揮されますが，その後，徐々に機能劣化が起こることを想定し，50 年後には涵養量が当初の 5 倍になることを模擬しました。実際，粘土等を用いた遮水であれば，その機能が劣化することはないので，ここでは安全側の計算を行っていることになります。

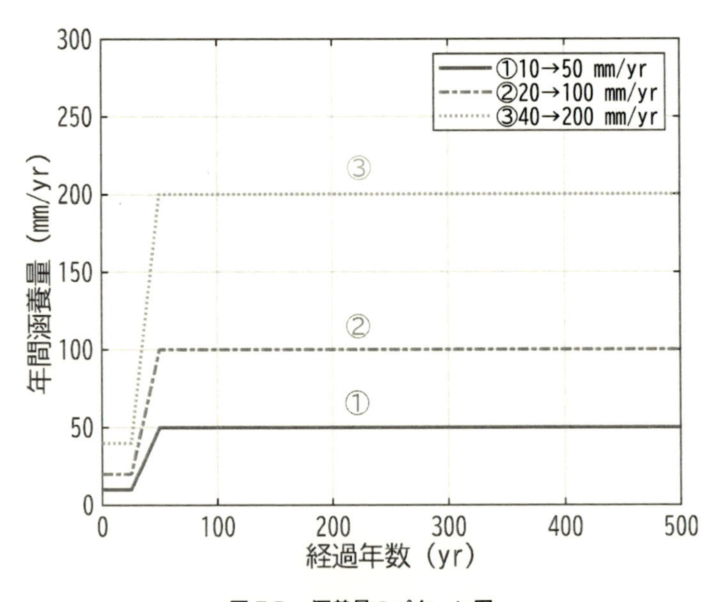

図 7.5　涵養量のパターン図

本計算で与えた涵養量のパターンを図 7.5 に示します。涵養量 10 mm/yr とは，年間降雨量が 1,800 mm と仮定したときに透水係数 $k = 1 \times 10^{-8}$ cm/s から 1×10^{-6} cm/s を有する隔離層を設置した場合に相当します。涵養量が 100 mm/yr であれば，透水係数は $k = 1 \times 10^{-6}$ cm/s から 1×10^{-5} cm/s 相当になります。この涵養量は不飽和浸透特性に影響を受けることから，単純に透水係数で求めることができません。そのため，涵養量を比例計算等で求めることは困難です。

溶出量の条件

廃棄物層からの溶出量を求めるには，例えば，JIS K 0058（JIS 攪拌溶出試験）による溶出試験結果から得られた濃度を用いる方法があります。JIS 攪拌溶出試験では廃棄物を構成している粒子を廃棄物の 10 倍の質量の水で溶出させます（液固比が 10 ということです）が，廃棄物埋立層では粒子が攪拌されることなく粒子同士の間隙を涵養した水が通過することになりますので，ここでも安全側の計算を行っていることになります。

溶出試験結果で 100 Bq/L である場合，液固比が 10 であることから，廃棄物埋立層の間隙水のセシウム濃度は 10 倍の 1,000 Bq/kg となります。JIS 攪拌溶出試験は 6 時間で溶出を評価しますので，この 6 時間はセシウムの移動や減衰挙動を評価する上では微々たる時間であることから，JIS 攪拌溶出より得られた溶出量が初期段階で間隙水に全量溶出することを仮定しました。

吸着特性の条件

下部の隔離層に当たる土壌吸着層では，バッチ吸着試験より得られた分配係数を用いることとしました。この分配係数は，使用する材料にもよりますが，塩分濃度の影響を強く受けるので，実際の処分場の浸出水や溶出水等を用いてセシウムの分配係数を求める必要があります。本解析では，真砂土にて求められた分配係数 10 mL/g を用いました。なお，本解析では，放射性セシウム 134 の半減期は短く，本計算上では影響を及ぼさないことから，放射性セシウム 137 のみに着目して実施しています。

7.4.2　基礎方程式

実務者に説明することを考えると，物理モデルは単純であるほど望ましいです。通常，多孔質媒体内の物質輸送をシミュレーションする場合には，第 2 章に示したように浸透流方程式と移流分散方程式を連立して解きます。しかし，ここではモデルの単純化を図り，深さ方向の一次元問題として考えて，流れは涵養量として与えます。これにより移流分散方程式の一次元問題として扱うことができます。吸着を考慮したモデルは第 3 章の 3.2 節に示したとおりです。すなわち

$$\theta R \frac{\partial c}{\partial t} = \frac{\partial}{\partial x}\left(\theta D \frac{\partial c}{\partial x}\right) - u \frac{\partial c}{\partial x} - \theta R \lambda c \tag{7.1}$$

となります。ここで，θ：体積含水率 (m^3/m^3)，R：遅延係数，c：間隙水中の放射性セシウム濃度 (Bq/m^3)，D：分散係数 (m^2/s)，u：浸透流速 (m/s)，λ：減衰定数 (1/s) です。減衰定数とは，自己崩壊性をもつ放射性物質が時間とともに濃度低下する速度をパラメータとして表現したものです。放射性セシウム 134 では半減期 2 年，放射性セシウム 137 では半減期 30 年と言われていますが，減衰定数に換算すると，それぞれ $1.10 \times 10^{-8}\ s^{-1}$ と $7.32 \times 10^{-10}\ s^{-1}$ になります。

浸透流速は，シミュレーションの入力条件となる涵養量に等しいものです。涵養量とは，地中に対して雨水が染み込む流量を表します。この涵養量を地表面の単位断面積で除すことで雨水が染み込む速度となり，シミュレーションに与える浸透流速と等価なものになります。分散係数は機械的分散係数と実効拡散係数の和によって与えられますので，一次元輸送問題では

$$D = \alpha_L v + \tau D_m \tag{7.2}$$

となり，α_L：縦分散長 (m)，v：間隙内流速 (m/s)，τ：屈曲率，D_m：水中の分子拡散係数です。間隙内流速は浸透流速と体積含水率を用いて，$v = u/\theta$ で与えられます。また，縦分散長と屈曲率はそれぞれ経験式があり，$\alpha_L \cong X^2/100$ (m)，$\tau \cong \phi^{1/3} S^{7/3} = \phi^{-2} \theta^{7/3}$ で与えられます。なお，X：解析空間の大きさ (m)，ϕ：間隙率，S：飽和度を表し，$\theta = \phi S$ の関係があります。水中の分子拡散係数は，化学物質の種類に多少違いはありますが，おおよそのオーダー感として $D_m = 1.0 \times 10^{-9}\ m^2/s$ と近似して問題ありません。

遅延係数は，第 3 章の 3.2 節で述べたように吸着等温線の形状によって

式が異なりますが，最も単純な線形吸着式を採用したとき

$$R = 1 + \frac{\rho_d K_d}{\theta} \tag{7.3}$$

となります。K_d：分配係数 (m^3/kg)，ρ_d：土壌吸着層の乾燥密度 (kg/m^3) です。したがって，図 7.4 のように土壌吸着層の分配係数を K_d = 10 mL/g と与えてしまえば，式 (7.1) のパラメータはすべて既知量となり適切な初期条件と境界条件によって放射性セシウム 137 の濃度 c について解くことができます。

なお，濃度 c に係る初期条件として，廃棄物層に該当するエリアには溶出試験から得られた溶出濃度を与えますが，溶出試験と実埋立層での液固比の違いを考慮して換算しておくことを忘れてはなりません。境界条件は一次元解析空間の上端と下端に与える必要があり，いずれの境界に対しても濃度勾配 $\partial c/\partial x$ がゼロとなる条件を与えます。なお，求解には汎用数値解析ソフトウェア COMSOL Multiphysics ver. 6.2 を使用しました。

7.4.3　計算結果

図 7.4 における濃度測定点（下部土壌層の下端）での濃度変化を図 7.6(a)〜(c) に示します。それぞれ，涵養量ごとで図化し，凡例に示す溶出濃度は 1〜500 Bq/L として計算しました。1 Bq/L は検出限界に近い値であり，例えば土壌などの溶出試験で ND となった場合には，この 1 Bq/L の溶出濃度を用いて評価することが可能です。図 7.6(a) の涵養量 10→50 mm/yr の場合では，溶出試験結果が 500 Bq/L であった場合に濃度限界である 90 Bq/L を超過することになります。溶出試験結果が 500 Bq/L であるので，初期の液相濃度は 10 倍の 5,000 Bq/L となります。これでも，小さい涵養量を確保可能な上部隔離層を用い，分配係数 10 程度の土壌吸着層を用いれば浸出水濃度を約 90 Bq/L まで抑制することが可能になります。

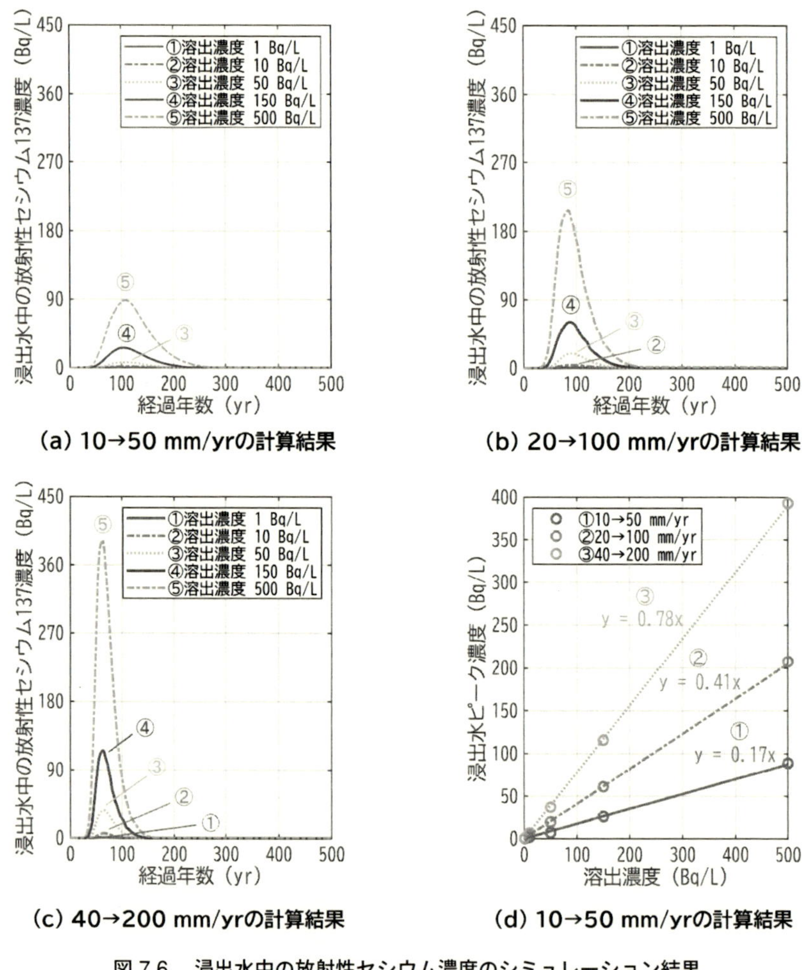

図 7.6　浸出水中の放射性セシウム濃度のシミュレーション結果

ピーク濃度に着目して整理すると，図 7.6(d) のようになります。それぞれの涵養量ごとに整理すれば，ピーク濃度は溶出濃度の関数となります。よって，溶出試験による濃度が分かれば，相当する涵養量の近似式を用いてピーク濃度を評価することが可能です。図には 500 Bq/L の溶出濃度までしか描いていませんが，750 Bq/L までは線形関係が保たれることを確認しています。理論上はそれ以上の濃度でも予測可能です。

7.4.4 劣化を考慮した計算の安全率

安全率の一つとして，上部隔離層の遮水性能の劣化を想定したことは先に述べましたが，どの程度の安全率であるか確認した図を図 7.7 に示します。涵養量の条件は 10→50 mm/yr，溶出濃度 100 Bq/L のケースを計算した結果です。劣化考慮なしの場合は，涵養量 10 mm/yr が継続することを想定します。劣化考慮なしと比較すると，劣化を考慮した場合は濃度が約 3 倍となっており，安全率としては 3 を見込んでいることになります。なお安全率とは，構造物や設備が設計時の予測以上の荷重や条件に耐えられるように，余裕を持たせた設計基準を指します。例えば，安全率が 3 の場合，想定される上部隔離層の劣化によって性能低下が生じたとしても，予想濃度の 3 倍まで耐えられるように設計されていることを示しています。こうした考え方を導入することで，予測外の負荷や材料のばらつきなどに対して安全性を確保します。

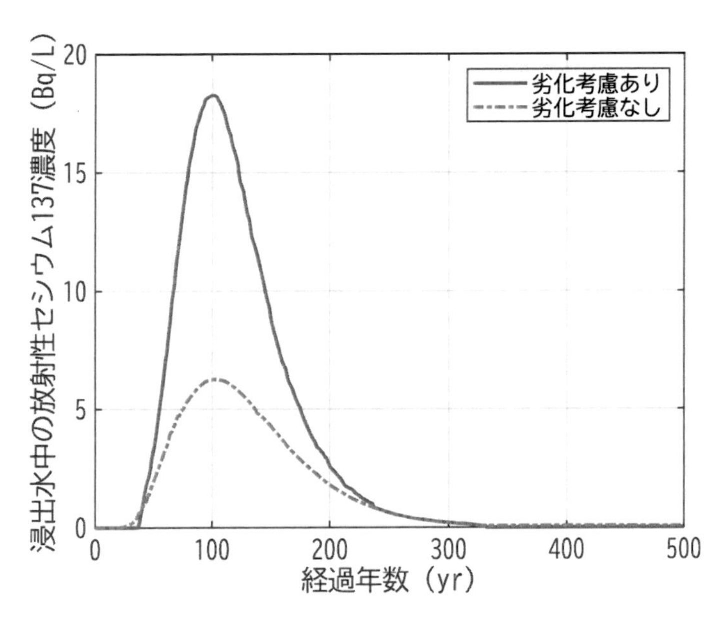

図 7.7 上部隔離層の劣化の有無による濃度経年変化の違い

7.5　結び

本章では，火急解決策を求められる場面において数値シミュレーションが有効な手段であることを述べ，数値シミュレーションが政策に活用された例を紹介しました。本章で紹介した未曽有の災害時においては，過去に事例がないからといって悠長に実験結果を積み重ねて試行錯誤している場合ではありません。現場では対策の方針を一刻も早く求めているからです。少ない実験結果でも，その知見から実際のスケールではどのような挙動が予測されるのかを示すのに，数値シミュレーションは大きく力を発揮します。特に単純化した数値シミュレーションは短い計算時間で予測結果を得ることができますので，さまざまなパターンを想定し，効果的な対策を模索できます。

数値シミュレーションは自然現象を予測することではありません。着目する現象を抽象化してモデリングしているので，特徴的な自然現象であっても捨象していることも少なくありません。数値シミュレーションに関わる際は，このことを忘れずに念頭に置くよう努めてください。

数値シミュレーションの結果に対して「この精度はどれくらいなのか？」といった質問は頻出します。対象が特定の現象を際立たせたモデル実験であれば，この問いに答えることはできます。つまり，モデル実験の結果を正解として，数値シミュレーションによる予測結果と比較して予測結果がどれだけモデル実験の結果に近いかを「精度」と定義するのであれば，精度を求めることはできます。しかしモデル実験の規模や条件によって精度は変わりますので，一律に精度○○％以内と答えるのは至極困難なことです。モデル実験との比較は数値シミュレーションの信頼性を把握する上で大切なことですが，この過程は別の用語として「検証 (Verification & Validation)」と定義されています。実物スケールの答えは未知であるため，実物スケールの全現象に対して精度を回答することはなおのこと難しいと言えます。あくまで数値シミュレーションとは自然現象の一部分を切り取っているので，自然現象そのものと比較すれば異なるのは至極当然のことです。

数値シミュレーションは使い方次第です。自然現象に近づける精緻なモデリングがすべてではありません。本章に示したように，単純化した物理モデルであっても，使い方によっては世の中を導くような手段ともなります。

参考文献

[1] JIS K 0058-1:『スラグ類の化学物質試験方法 第一部 溶出量試験方法』, 日本産業規格 (2005).

[2] Kuramochi, H., Fujiwara, H., Yui, K.: Behavior of radioactive cesium during thermal treatment of radioactively contaminated wastes in the aftermath of the Fukushima Daiichi Nuclear Power Plant Accident, *Global Environmental Research*, Vol.20, No.1&2, pp.91-100 (2017).

[3] Yui, K., Kuramochi, H., Osako, M.: Understanding the behavior of radioactive cesium during the incineration of contaminated municipal solid waste and sewage sludge by thermodynamic equilibrium calculation, *ACS Omega*, Vol.3, No.11, pp.15086-15099 (2018).

[4] Petryaev, E. P., Ovsyannikova, S. V., Lubkina, I. Y., Rubinchic, S. Y., Sokolik, G. A.: States of Chernobyl radionuclides in soils outside the 30-km zone, *Geochemistry International*, Vol.31, No.2, pp.22-29 (1994).

[5] 井上頼輝, 森澤眞輔: 放射性核種の土壌と水との間の分配係数値,『原子力学会誌』, Vol.18, No.8, pp.52-62 (1976).

[6] 日本原子力学会編:『収着分配係数の測定方法－浅地中処分のバリア材を対象としたバッチ法の基本手順及び深地層処分のバリア材を対象とした測定の基本手順－』, 標準委員会技術レポート, AESJ-SC-TR001 (2006).

[7] 福井正美, 桂山幸典: 飽和砂層内における Cs および Sr イオンの吸着モデルに関する研究,『土木学会論文報告集』, No.254, pp.37-48 (1976).

[8] 石森洋行, 遠藤和人, 山田正人, 大迫政浩: 廃棄物埋立地における放射性セシウムに対する土壌吸脱着特性とその影響因子, Vol.28, pp.39-49 (2017).

あとがき

本書を手に取っていただき，誠にありがとうございます。本書では，重要な社会課題である資源循環を実現するための廃棄物の有効利用と最終処分に関する内容を取り扱いました。

廃棄物は，人々の生活や産業活動に伴って必ず発生するものであり，日本経済が世界的に見ても高い水準を維持してきた一方，その過程で発生する大量の廃棄物と向き合ってきました。日本では，初期の生ごみ主体の埋立から始まり，衛生面に配慮した埋立，埋立量を減らすための焼却，そして近年では焼却残さ主体の埋立へと進化してきました。この過程で，焼却残さの無害化や浸出水処理の技術が発展し，同時に資源循環の考え方も浸透することで，廃棄物から有価物を回収するのみならず，廃棄物自体も有効利用する世の中となっています。

廃棄物は人の健康と環境保全において最も意識される存在です。その適正管理と科学的根拠には，本書で紹介したようなノウハウが蓄積されてきました。廃棄物やリスクは世界共通の課題であるものの，それに対する意識の傾け方は各国の歴史や文化，経済的事情等さまざまな考えに左右されます。特に日本人は衛生面には強いこだわりをもっており，そうした中で，多くの学術的成果や社会実績が積み重なってきました。そこから生み出された廃棄物の有効利用や適正処分は，日本が誇る特有技術の一つとなっています。本書では，他国の専門書籍では見られない日本独特の事例や考え方を整理し，紹介してきました。

近年，社会構造の変化に伴い，少子高齢化や財政逼迫，さらには産業の多様化に対して，古典的で花形ではない廃棄物工学は淘汰されつつあります。講座数の減少や専門家の退職等によって専門知識の継承が途絶えることで，廃棄物埋立の技術発展や問題解決が困難になる可能性があります。人材と資金が不足する将来を迎える中で，これまでの経験や知識を集約し，後世が効率よく活用できるように変換するための推進が必要と考え，本書を執筆した次第です。

本書が，廃棄物管理や資源循環に携わる皆さまの一助となり，未来の持続可能な社会の実現に貢献することを願っております。なお，本書では水質の予測を対象にして執筆いたしましたが，埋立処分するような廃棄物には有機物が含まれることもあり，その分解からガスや熱が発生します。廃棄物の適正処分では，水質のみならず，ガスや熱のリスクコントロールが重要となります。ガスと熱に関する予測は続編として別の機会に紹介いたします。

索引

は

ま

や

ら

著者紹介

石森 洋行（いしもり ひろゆき）

国立研究開発法人国立環境研究所資源循環領域　主任研究員
博士（工学）
2006年立命館大学大学院総合理工学研究機構博士後期課程修了
同年より立命館大学理工学部土木工学科助手，2009年国立環境研究所循環型社会・廃棄物研究センター特別研究員，2013年立命館大学理工学部環境システム工学科講師，2016年国立環境研究所福島支部研究員を経て，2019年4月より現職
専門は環境地盤工学（主に土壌・地下水汚染，廃棄物処理・処分，有効利用）
執筆担当：第1，4～5章

磯部 友護（いそべ ゆうご）

埼玉県環境科学国際センター資源循環・廃棄物担当　主任研究員
博士（学術）
2004年埼玉大学理工学研究科博士課程修了
同年より埼玉県環境科学国際センター入所，2023年より現職
専門は廃棄物工学（主に最終処分場モニタリング，不法投棄対策，比抵抗探査，廃棄物リサイクル）
執筆担当：第6章

石垣 智基（いしがき とものり）

国立研究開発法人国立環境研究所資源循環領域　上級主幹研究員，資源循環・廃棄物研究国際支援オフィスマネージャー
博士（工学）
2000年大阪大学大学院工学研究科博士後期課程修了
日本学術振興会博士研究員，龍谷大学講師，同准教授を経て，2010年より現職
専門は環境工学（廃棄物適正処理・資源化技術の開発，最終処分場の環境影響評価等）
執筆担当：第3章

遠藤 和人（えんどう かずと）

国立研究開発法人国立環境研究所福島地域協働研究拠点　室長
博士（工学）
2002年京都大学大学院工学研究科博士後期課程修了
同年より独立行政法人国立環境研究所循環型社会形成推進・廃棄物研究センター主任研究員を経て，2021年より現職
専門は環境地盤工学（主に土壌・地下水汚染，廃棄物処理・処分，放射能汚染廃棄物管理）
執筆担当：第7章

山田 正人（やまだ まさと）

国立研究開発法人国立環境研究所資源循環領域　室長
博士（工学）
1995年京都大学大学院工学研究科博士後期課程（衛生工学専攻）修了
同年より厚生省国立公衆衛生院廃棄物工学部研究官，2001年独立行政法人国立環境研究所循環型社会形成推進・廃棄物研究センター主任研究員を経て，2016年より現職
専門は廃棄物工学（主に埋立処分技術，破砕選別技術，廃棄物物流，またこれら技術のアジアへの技術移転や震災・放射能汚染廃棄物管理への適用）
執筆担当：第2章

COMSOL Multiphysicsのご紹介

COMSOL Multiphysicsは，COMSOL社の開発製品です。電磁気を支配する完全マクスウェル方程式をはじめとして，伝熱・流体・音響・構造力学・化学反応・電気化学・半導体・プラズマといった多くの物理分野での個々の方程式やそれらを連成（マルチフィジックス）させた方程式系の有限要素解析を行い，さらにそれらの最適化（寸法，形状，トポロジー）を行い，軽量化や性能改善策を検討できます。一般的なODE（常微分方程式），PDE（偏微分方程式），代数方程式によるモデリング機能も備えており，物理・生物医学・経済といった各種の数理モデルの構築・数値解の算出にも応用が可能です。上述した専門分野の各モデルとの連成も検討できます。

また，本製品で開発した物理モデルを誰でも利用できるようにアプリ化する機能も用意されています。別売りのCOMSOL CompilerやCOMSOL Serverと組み合わせることで，例えば営業部に所属する人でも携帯端末などから物理モデルを使ってすぐに客先と調整をできるような環境を構築することができます。

本製品群は，シミュレーションを組み込んだ次世代の研究開発スタイルを推進するとともに，コロナ禍などに影響されない持続可能な業務環境を提供します。

【お問い合わせ先】
計測エンジニアリングシステム（株）事業開発室
COMSOL Multiphysics 日本総代理店
〒101-0047 東京都千代田区内神田1-9-5 SF内神田ビル
Tel: 03-5282-7040　　Mail: dev@kesco.co.jp
URL：https://kesco.co.jp/service/comsol/

◎本書スタッフ
編集長：石井 沙知
編集：山根 加那子
組版協力：阿瀬 はる美
図表製作協力：菊池 周二
表紙デザイン：tplot.inc 中沢 岳志
技術開発・システム支援：インプレスNextPublishing

●本書の内容についてのお問い合わせ先
近代科学社Digital　メール窓口
kdd-info@kindaikagaku.co.jp
件名に「『本書名』問い合わせ係」と明記してお送りください。
電話やFAX，郵便でのご質問にはお答えできません。返信までには，しばらくお時間をいただく場合があります。なお，本書の範囲を超えるご質問にはお答えしかねますので，あらかじめご了承ください。

マルチフィジックス有限要素解析シリーズ8

廃棄物処理・処分・リサイクルに役立つ数値シミュレーション

2024年12月20日　初版発行Ver.1.0

著　者　石森 洋行,磯部 友護,石垣 智基,遠藤 和人,山田 正人

発行人　大塚 浩昭
発　行　近代科学社Digital
販　売　株式会社 近代科学社
〒101-0051
東京都千代田区神田神保町1丁目105番地
https://www.kindaikagaku.co.jp

印刷・製本　京葉流通倉庫株式会社
Printed in Japan

ISBN978-4-7649-0723-2

近代科学社 Digital は、株式会社近代科学社が推進する21世紀型の理工系出版レーベルです。デジタルパワーを積極活用することで、オンデマンド型のスピーディでサステナブルな出版モデルを提案します。

近代科学社 Digital は株式会社インプレス R&D が開発したデジタルファースト出版プラットフォーム“NextPublishing” との協業で実現しています。